Matthias Gerst

Typenkompass
HARLEY DAVIDSON
und Buell-Motorräder mit V2-Motoren
1936 bis heute

Matthias Gerst

Harley-Davidson

und Buell-Motorräder mit V2-Motoren
1936 bis heute

Einbandgestaltung: Andreas Pflaum

Eine Haftung des Autors oder des Verlages und seiner Beauftragten für Personen-, Sach-
und Vermögensschäden ist ausgeschlossen.

ISBN 3-613-02060-2

1. Auflage 2000

Innengestaltung: Bernd Peter
Reproduktion: digi bild reinhardt, 73037 Göppingen
Druck: Henkel-Druck, 70435 Stuttgart
Bindung: Nething Buchbinderei, 73235 Weilheim/Teck
Printed in Germany

Inhalt

Einleitung

Harley-Davidson, diese große amerikanische Marke, ist im Laufe ihrer nahezu hundertjährigen Geschichte wohl zum bekanntesten Motorrad-Hersteller der Welt geworden. Dieser Name ist wie kaum ein zweiter zum Inbegriff eines Kults geworden, der auch heute noch viele Motorradfans in seinen Bann zieht.

Obwohl schon zahlreiche Bücher zur Historie dieser Marke existieren, erscheint es doch notwendig, diesen Typenkompass zu erstellen, da Tabellenwerke alleine keine so große Aussagekraft besitzen. Auch hat Harley-Davidson schon immer mit den Angaben über die Motorleistung und der erreichbaren Höchstgeschwindigkeit gegeizt, genauso wie eine bekannte englische Automarke, bei der es auf die Frage danach nur die lapidare Antwort zu hören gab: »Genügend«.

Lassen Sie uns deshalb den letzten Überlebenden einer einstmals blühenden US-Motorrad-Industrie getrost als den Rolls-Royce unter den Motorradherstellern bezeichnen. Die sanfte Innovation und das treue Festhalten an der langjährigen Tradition sind schließlich nicht zu verachtende Eigenschaften und machen zu einem guten Teil das spezielle »Feeling« aus, das beim Kontakt mit den stahlgewordenen Motorrad-Skulpturen aus Milwaukee sofort entsteht.

Gegründet im Jahre 1903, liegt die Führung der Firmengeschicke heute in der Hand von Willie G. Davidson, einem Nachfahren der Gründer.

Die in diesem Band dargestellten Modellserien des Harley-Fertigungsprogramms stellen natürlich keine lückenlose Typologie aller Harley-Motorräder dar. Es sind die wichtigsten und häufigsten herausgegriffen worden, die ca. 99 Prozent der hierzulande verkehrenden Modelle repräsentieren.

Dazu gehören die Bauserien mit den Kürzeln »E«, »F«, »X« und alle mit »FX« beginnenden Modelle. Dabei handelt es sich ausnahmslos um V2-Modelle mit hängenden Ventilen, die seit dem Jahr 1936 angeboten werden. Innerhalb der einzelnen Kapitel sind die Modelle chronologisch geordnet. Die zugehörigen technischen Daten sind aus dem gleichen Modelljahr wie die gezeigte Abbildung eines Modells. Die Ausstattung ändert sich bei Harley-Davidson normalerweise in einem jeden Modelljahr, so dass die Abbildung eines bestimmten Modells nicht automatisch auch repräsentativ für dieses Modell im vorherigen oder darauffolgenden Modelljahr sein kann.

Die Leistungsangaben der älteren Modelle wurden größtenteils aus Werksunterlagen entnommen, diejenigen der neueren Maschinen aus den Homologationsunterlagen, die vom Kraftfahrtbundesamt herausgegeben werden. Letztere wurden mit dem Zusatz (*DIN) gekennzeichnet. Die Preise der Fahrzeuge bis 1970 sind in US-Dollar angegeben, die neueren Modelle tragen ein »DM-Preisschild«. Die Abbildungen selbst stammen ausschließlich aus dem vom Hersteller selbst herausgegebenen Material. Die Ausstattung der abgebildeten Modelle kann deshalb je nach Exportmarkt geringfügig bis stark variieren.

Für den Verkauf in Deutschland sind zahlreiche Modelle für jüngere Motorradfahrer mit dem Führerschein der ehemaligen Klasse 1A modifiziert worden. Dazu wurde die Leistung der Motoren in den ersten Jahren auf 20 kW (27 PS) reduziert und nach der gesetzlichen Erhöhung der Leistungsgrenze wieder auf 25 kW (34 PS) angehoben. Diese Leistungsangaben sind nicht extra in den Datenkästen angegeben.

Übersicht

Die folgende Übersicht soll helfen, die verwirrende Vielfalt der Modelle als Baukastensystem zu erkennen.

In diesem Typenkompass werden ausschließlich Harleys mit V2-Motor und ohv-Ventilsteuerung betrachtet. Bis 1970 gab es lediglich zwei Modellreihen, die großen Harleys (Modelle E 1936-1952 und F ab 1941) sowie die kleinen Modelle (Sportster Serie XL ab 1957).

Als Zwischenserie (Choppermodelle) entstand ab 1971 die FX-Serie, die ab 1982 sukzessive von der Serie FXR und diese wiederum ab 1991 von den FXD-Modellen (Dyna Glides) abgelöst wurden.

Die Serie der großen Harleys (F-Modelle) spaltete sich ab 1980 in die Gruppen der »Electra Glide«- und »Tour-Glide«-Modelle auf.

Die kleinen Harleys haben mit den in Kapitel 4 beschriebenen Änderungen ebenfalls bis heute überlebt.

Zusätzlich gibt es seit 1984 noch eine weitere Serie, die sogenannten Softail-Modelle. Diese teilen sich in die eigentlichen FXST-Modelle und die davon abgeleiteten FLST-Modelle auf.

Im Modelljahr 2001 sind also folgende Serien zu haben:

- ● Sportster   Serie XL
- ● Softails   Serien FXST und FLST
- ● Dyna Glides   Serie FXD
- ● Electra Glides   Serien FLHT, FLHR und FLTR

Die folgende Tabellen zeigen die wichtigen Einzelmodelle mit den entsprechenden Modelljahren (ohne Seitenwagenmaschinen, Sondermodellen und Polizeiausführungen).

Große Harleys

Serien E und F bis FLH (Electra Glide 4-Gang)

Modelljahre	Modellkürzel	Modellnamen	Hubraum in cm³
1936-1937	E	-	988
1936-1952	EL	-	988
1941-1950	F	-	1207
1941-1978	FL	-/Hydra Glide/Duo Glide/Electra Glide	1207
1953-1956	FLE	Hydra Glide	1207
1955-1980	FLH	Hydra Glide/Electra Glide	1207
1977	FLHS	Electra Glide Sport	1207
1978-1980	FL-80	Electra Glide 80 CID	1338
1978-1984	FLH-80	Electra Glide 80 CID	1338
1980-1984	FLHS-80	Electra Glide Sport 80 CID	1338
1984	FLHX	Electra Glide Sonderserie	1338

Serie FLHT (Electra Glide 5-Gang)

Modelljahre	Modellkürzel	Modellnamen	Hubraum in cm³
1983	FLHT	Electra Glide	1338
1987-1995	FLHS	Electra Glide Sport	1338
1995-2001	FLHT	Electra Glide Standard	1338/1449
1983-1998	FLHTC	Electra Glide Classic	1338
1995-1998	FLHTC-I	Electra Glide Classic mit EFI	1200
1989-1998	FLHTC-U	Ultra Classic Electra Glide	1338
1996-2001	FLHTCU-I	Ultra Classic Electra Glide mit EFI	1338/1449

Serie FLHR (Road King)

Modelljahre	Modellkürzel	Modellnamen	Hubraum in cm³
1994-2001	FLHR	Road King	1338/1449
1996-1997	FLHR-I	Road King mit EFI	1338
1998-2001	FLHRC-I	Road King Classic mit EFI	1338/1449

Serie FLT

Modelljahre	Modellkürzel	Modellnamen	Hubraum in cm³
1980-1983	FLT	Tour Glide	1338
1980-1993	FLTC	Tour Glide Classic	1338
1989-1996	FLTCU	Ultra Classic Tour Glide	1338
1996	FLTUI	dto. mit EFI	1338
1998-2001	FLTR	Road Glide	1338/1449
1998-2001	FLTRI	Road Glide mit EFI	1338/1449

Kleine Harleys

Serie XL

Modelljahre	Modellkürzel	Modellnamen	Hubraum in cm³
1957-1959	XL	Sportster	883
1958	XLC	Sportster Competition	883
1958-1971	XLH	Sportster »Hot«	883
1958-1971	XLCH	Sportster Competition »Hot«	883
1972-1985	XLH-1000	Sportster	997
1972-1979	XLCH-1000	Sportster CH	997
1978-1985	XLS-1000	Roadster	997
1983-1985	XLX-1000	XLX-61	997
1977-1979	XLCR-1000	Café Racer	997

1983-1984	XR-1000	XR-1000	997
1986-2001	XLH-883	Sportster	883
1998-1995	XLH-883 Del	Sportster Deluxe	883
1988-2001	XLH-883 Hugger	Sportster Hugger	883
1998-2001	XLH 53C	Sportster Custom 53	883
1986-1987	XLH-1100	Sportster 1100	1093
1988-1999	XLH-1200	Sportster 1200	1199
1996-2001	XLH-1200 S	Sportster 1200 Sport	1199
1996-2001	XLH-1200 C	Sportster 1200 Custom	1199

Mittlere Harley-Serien

Serie FX

Modelljahre	Modellkürzel	Modellnamen	Hubraum in cm³
1971-1978	FX	Super Glide	1207
1974-1980	FXE	Super Glide	1207
1979-1984	FXE 80	Super Glide 80	1338
1979-1980	FXEF 1200	Fat Bob 1200	1207
1979-1985	FXEF 80	Fat Bob 80	1338
1980-1986	FXWG 80	Wide Glide 80	1338
1977-1980	FXS 1200	Low Rider 1200	1207
1979-1982	FXS 80	Low Rider 80	1338
1980-1982	FXB 80	Sturgis	1338
1983-1985	FXSB 80	Low Rider	1338
1983	FXDG 80	Disc Glide	1338

Serie FXR

Modelljahre	Modellkürzel	Modellnamen	Hubraum in cm³
1982-1983	FXR	Super Glide (II)	1338
1986-1992	FXR	Super Glide	1338
1982-1985	FXRS	Low Glide	1338
1986-1992	FXRS	Low Rider	1338
1983-1992	FXRT	Sport Glide	1338
1984	FXRDG	Disc Glide	1338
1985-1993	FXRSL	Low Rider Sport Edition	1338
1986-1987	FXRD	Grand Touring Edition	1338
1985 u.1987	FXRC	Low Glide Custom	1338
1987-1994	FXLR	Low Rider Custom	1338
1990-1993	FXRS-CON	Low Rider Convertible	1338

Serie FXD

Modelljahre	Modellkürzel	Modellnamen	Hubraum in cm³
1991	FXD	Dyna Glide Sturgis	1338
1995-2001	FXD	Dyna Super Glide	1338/1449
1992	FXDB	Dyna Glide Daytona	1338
1992	FXDC	Dyna Glide Custom	1338
1993-2001	FXDL	Dyna Low Rider	1338/1449
1993-2001	FXDWG	Dyna Wide Rider	1338/1449
1994-1998	FXDS-CON	Dyna Low Rider Convertible	1338
1999-2001	FXDX	Dyna Super Glide Sport	1449
2001	FXDX-T	Dyna Super Glide T-Sport	1449

Softail-Serien

Serie FXST

Modelljahre	Modellkürzel	Modellnamen	Hubraum in cm³
1984-1990	FXST	Softail	1338
1999-2001	FXST	Softail Standard	1338/1449
1986-1998	FXST-C	Softail Custom	1338
1988-2001	FXST-S	Springer Softail	1338/1449
1995-1998	FXST-SB	Bad Boy	1338
1999-2001	FXST-B	Night Train	1338/1449
2000-2001	FXST-D	Deuce	1449
2001	FXST-DI	Deuce mit EFI	1449

Serie FLST

Modelljahre	Modellkürzel	Modellnamen	Hubraum in cm³
1986-1990	FLST	Heritage Softail	1338
1988-2001	FLST-C	Heritage Softail Classic	1338
1990-2001	FLST-F	Fat Boy	1338/1449
1993	FLST-N	Heritage Softail Nostalgia	1338
1994-1996	FLST-N	Heritage Softail Special	1338
1997-2001	FLST-S	Heritage Springer	1338/1449

Anmerkungen zu den Modellreihen

SERIEN
E/F/FL/FLH (1936 - 1984)

Der Urahn der heutigen großen Harley-Modell-
reihen datiert in die Zeit vor dem Zweiten Weltkrieg. Anfang der 30er-Jahre schufen die Tech-
niker in Milwaukee den Grund-Motor, der über
viele Jahrzehnte nicht nur das Überleben der
Marke sicherte, sondern ab etwa Mitte der
60er-Jahre für ein beispielloses Comeback
sorgte.
Erstmals für das Modelljahr 1936 angeboten,
wies die neue Generation der E-Modelle nicht
nur eine vergleichsweise moderne Ventilsteue-
rung auf, sondern bekam auch gleich noch
das erste Viergang-Getriebe in der Geschichte
der Marke spendiert. Trotz einiger Kinderkrank-
heiten verkaufte sich das neue Modell recht
gut. Ganz allmählich begann so die Ablösung
der großen seitengesteuerten 1200er und
1340er-Maschinen, die dann im Jahre 1948
abgeschlossen wurde. Dem 1000er-Motor der
Serie E folgte noch im letzten amerikanischen
Friedensjahr 1941 die größere Schwester mit
1200 cm³ als Modell F. Nach dem Krieg lief
die größere der beiden ansonsten nahezu bau-
gleichen Schwestern der kleineren den Rang
ab, das Modell E wurde zum Ende des Jahres
1952 aus dem Programm genommen.
Für 1949 hatten noch beide die neue hydraulische Telegabel erhalten, die ihnen zum ersten
offiziellen Modellnamen verhalf, nämlich
»Hydra-Glide«. Sechs Jahre später erschien
dann das Modell FLH, welches ab 1958, als
Harley sich endgültig von den hinten ungefederten starren Rahmen verabschiedet hatte,
»Duo Glide« genannt wurde. Den auch heute
noch verwendeten Modellnamen »Electra
Glide« zierte im Jahre 1965 die erste Maschine mit Elektrostarter, die zu diesem Zweck

auch gleich mit einer 12-Volt-Anlage glänzen
konnte. Mit mehr oder weniger umfangreichen
Änderungen für jedes Modelljahr (die Motoren
werden beim jeweiligen Modell beschrieben)
wurde die ursprüngliche FLH noch bis ins Jahr
1984 hinein hergestellt, immer noch mit vier
Gängen und dem mittlerweile schon betagten
Shovelhead-Motor. Doch schon für das Modelljahr 1983 kündigte sich die Fortsetzung des
Kapitels »Electra Glide« in Form einer neuen
Modellreihe mit dem Kürzel »FLHT« an.
Zu den zahlreichen Varianten der Electra Glide
zählten nicht zuletzt die Behörden- sprich:
Polizeifahrzeuge. Zeitweise Bestandteil des
offiziellen Angebots, ansonsten nur dieser Kli-
entel vorbehalten, gab es sie 1978 bis 1980
letztmalig als Standard FL-80 mit der niedrigen
Verdichtung. Die Vorgängerin (FL) mit 1200
cm³ wurde noch bis 1978 angeboten. Ab
1979 existierten zusätzlich zum normalen
Polizeityp noch die seltenen »Shrine«Modelle
(FLH Police und FLH Shrine, beide ab 1981
als FLHP codiert). Beide gab es wahlweise mit
Ketten- oder mit dem für die »Sturgis« neu entwickelten Riemen-Sekundärantrieb.
Weitere Schwestern der Electra Glide waren die
Electra Glide Sport (FLHS) und die nur ein Jahr
lang angebotenen FLHX (E-Glide Deluxe). Alle
FLH-Modelle waren natürlich auch mit einem
Seitenwagen bestellbar. Erste Seitenwagen
baute Harley immerhin schon im Jahre 1914.
Ein ebenfalls vergleichsweise kurzes Leben
war der Electra-Glide Heritage versehen, die
nur in den Jahren 1981 bis 1982 angeboten
wurde. Doch ihr Name feierte in der Heritage
Softail (ab 1986) fröhliche Urständ.
Daneben gab es z.B. 1976 eine Sonderserie
mit dem Namen »Liberty Edition« rechtzeitig
zur 200-Jahr-Feier der amerikanischen Un-
abhängigkeit.

SERIEN FLT/FLHT (seit 1980)

Überraschend präsentierte Harley-Davidson nicht ohne Stolz für das Jahr 1980 eine vollkommen neue Kreation, die Tour Glide, die mit der bisher verkauften Electra Glide nur noch den Motor gemein hatte. Die »Neue« war mit dem lange erwarteten Fünfganggetriebe ausgerüstet, der altgediente Rahmen mit Gussknotenstücken musste einer absoluten Neukonstruktion weichen, bei der keine Gussteile mehr verwendet wurden. Eine moderne, rahmenfeste Tourenverkleidung mit Doppelscheinwerfern war ebenfalls auf der Höhe der Zeit. Dafür stand das Kürzel »FLT«. Bereits ein Jahr später wurde dem neuen Modell eine besonders luxuriöse Variante zur Seite gestellt, die Tour Glide Classic. Beide gab es mit einem besonders auf das FLT-Design abgestellten Seitenwagen zu kaufen.

Mit dem Modelljahr 1983 wurde dann die Ablösung der bisherigen Electra Glide ins Angebot aufgenommen. Das »T« aus der Tour Glide und das Kürzel »FLH« verschmolzen zur »FLHT«, was besagt, dass das Modell zwar den Rahmen und das Getriebe der Tour Glide bekommen hatte, aber die Optik der bisherigen E-Glide aufwies. Nach zwei parallelen Modelljahren mit der alten FLH (Harley führte Neuerungen stets sehr behutsam ein) wurde diese dann für 1985 aus dem Programm genommen. Schon 1984 hatte man der neuen FLHT dann den »Evolution«-Motor spendiert. Die FLHT existierte ebenso wie die Tour Glide, in einer Standard- und einer Classic-Version. Wie bei der Vorgängermaschine FLH existierten auch in der Modellreihe FLHT einige, sehr seltene »Shrine«-Versionen, die, natürlich wahlweise auch mit einem Beiwagen zu haben, bis zum Modelljahr 1996 im (inoffiziellen) Angebot waren.

Für das Modelljahr 1989 gab es dann nochmals eine Aufrüstung der Ausstattung in Form der sogenannten »Ultras«. Somit hießen die Modelle jetzt Ultra Classic Electra Glide und Ultra Classic Tour Glide. Noch im letzten Jahr (1996) der Tour Glide wurde sie mit dem bereits ein Jahr vorher schon in der Schweiz angebotenen Einspritzmotor auch auf dem US-Markt wie auch in Deutschland verkauft, wohingegen die Electra Glide in verschiedenen Versionen als Vergaser- und Einspritzmodell auch heute noch im Programm figuriert.

Die »normalen Tour Glides gab es nur in den ersten vier Produktionsjahren dieser Reihe, also von 1980 bis 1983 im Angebot. Die Classic-Versionen wurden immerhin bis 1993 offeriert. Als weiteres »Unter-Modell« hatte man ab 1994 die E-Glide mit dem schmucken Beinamen »Road King« kreiert. Inzwischen mauserte sich die Road-King-Modellreihe über die FLHR-I mit Einspritzung zur FLHRC-I als Classic«-Variante. Alle Road-Kings gibt es natürlich ebenfalls mit einem Beiwagen. Die Electra Glide Sport blieb bis 1995 im Programm. Sie war erstmals 1977 als einjähriges Sondermodell erschienen und erst in den Jahren 1980 bis 1983 in die Serienfertigung aufgenommen worden. Ab 1987 wurde sie nach dreijähriger Unterbrechung wieder aufgelegt. Für 1999 setzte Harley nochmals einen drauf in Form des brandneuen 88CID-Motors, der über den Hubraum von 1450 cm³ verfügt. Ebenfalls neu ist die »Road Glide« mit Einspritzung, die ihr Modellkürzel (FLTR-I) teilweise von der erst jüngst verblichenen Tour Glide geerbt hat. Für das aktuellen Modelljahre 2000 und 2001 hat sich im Modellangebot nichts geändert. Alle Modelle besitzen jetzt die neuen 4-Kolben-Bremssättel und das patentierte Bremsscheibendesign.

SERIEN FXST (seit 1984)

Aus dem vorhandenen Baukastensystem an Motoren und Teilen zauberte Harley-Davidson für 1984 eine weitere vollkommen neue Modellreihe auf den Markt, die »Softail«-Reihe. Dabei sollte der Name für eine besonders komfortable Hinterradfederung stehen. Zu diesem Zweck kam erstmals ein liegendes Doppel-Federbein zum Einsatz, wobei eine Dreieckschwinge benutzt wurde, um die begehrte Starrrahmen-Optik zu erreichen. Das Softail-Modellangebot wuchs fast jährlich um ein bis zwei Varianten an. Nachdem bereits 1986 ein modifizierter Rahmen Verwendung fand, bot man zusätzlich zur neuen FXST-C (Softail Custom) eine Version in der FLST-Reihe (»Heritage Softail«-Serie) an. Die echten FXST-Modelle besitzen entweder ein 19«- oder ein 21«-Vorderrad, die FLST-Modelle haben alle ein 16«-Vorderrad.

Bis zum heutigen Tage umfasste das FXST-Angebot Modelle mit so wohlklingenden Namen wie »Softail Custom«, »Springer Softail« »Bad Boy« und »Night Train«. Die FLST-Reihe liest sich nicht minder aufregend: »Heritage Softail Classic«, »Heritage Softail Nostalgia«, »Heritage Springer«, »Fat Boy« oder »Heritage Softail Special« sprechen für den Harley-Liebhaber den schönsten Technik-Dialekt. Bei der Heritage Springer wurde die mit mechanischen Schraubenfedern versehene Stahlgabel von der Springer Softail verwendet (ab 1997). Diese wiederum wurde beim tiefen Kramen in der Firmenvergangenheit im Jahre 1948 zutage gefördert, der sie dann nachempfunden wurde. Heute ist sie natürlich verchromt. Früher war sie ausschließlich lackiert.

Doch auch den Fans einer lackierten Springer-Gabel kann geholfen werden, denn die Bad Boy (1995-1998) ist damit wieder unterwegs. Die Springer Softail (ab 1988) gibt es natürlich auch heute noch, wohingegen die ursprüngliche FXST zwar letztmals 1990 in den Preislisten auftauchte, doch für 1999 als »Softail Standard« wieder angeboten wird. Der Bad Boy war ein relativ kurzes Leben beschieden, sie wurde nur von 1995 bis 1998 gefertigt. Doch dafür gibt es ja jetzt den neuen »Night Train«. In der FLST-Serie wurde die originale Version ebenfalls nur bis 1990 produziert. Die »Nostalgia« gab es nur ein Jahr lang

zu kaufen (1993), dann wurde sie von der »Special« abgelöst, die bis 1996 noch verkauft wurde. Und auch die Softail Custom findet man für 1999 nicht mehr im Angebot.

Für das Millennium-Jahr 2000 spendierte man den Softails endlich ebenfalls die große 88-CID-Maschine, in einer schwingungsgedämpften Version, die bisher nur dieser Serie vorbehalten ist. Gleichzeitig lancierte man die Top-Version, genannt »Deuce«. Zum ersten Mal besitzt hier eine Harley ein 17-Zoll-Hinterrad und auch die weiteren Styling-Goodies können sich sehen lassen. Brandneu sind für 2001 die ersten Einspritzmaschinen dieser Modellreihe in Form der Deuce Injection mit dem Modellkürzel FXST-DI, die denselben Motor aufweist wie die anderen Einspritzmodelle. Auch die Bad Boy und die Heritage Softail Classic gibt es wahlweise mit dem moderneren Einspritzmotor.

Alle Softail-Modelle besitzen jetzt die neuen 4-Kolben-Bremssättel und das patentierte Bremsscheibendesign.

SERIEN XL (seit 1957)

Die Baureihe XL hat eine ähnlich lange Ahnengalerie wie die Modelle mit dem »F« am Anfang. Denn bereits im Jahre 1929 hat Harley-Davidson den Vorvorgänger dieser Serie in Form des Modells »D« präsentiert. Diese erste 750er-V2 besaß noch seitengesteuerte Ventile, stellte aber eine extrem langlebige Maschine mit guten Allround-Eigenschaften dar. Für 1932 zur Modellreihe »R« weiterentwickelt, lieh sie den »Flathead-Motor« auch der neuen Harley-Kreation »Servi Car«, einer Kombination aus Auto und Motorrad mit drei Rädern. Dieses Vehikel war hauptsächlich als Lieferwagen gedacht, machte aber auch bei den Behörden Karriere. Erstaunlich ist die Tatsache, dass die Servi Cars bis ins Jahr 1973 noch mit der nunmehr betagten Motorkonstruktion vom Band liefen.

Dem Modell »R« folgte im Jahr 1937 die Serie »W«, die im Zweiten Weltkrieg einsame Produktionsrekorde aufstellen sollte, bis diese ab Mitte der 70er-Jahre endlich übertroffen werden konnten. Ganz gleich ob als Zivil- oder als Militärmaschine machte das robuste W-Modell in fast allen Ländern der Erde von sich reden und noch heute tauchen längst totgeglaubte Fahrzeuge dieser Reihe wieder auf. Doch nach dem Krieg wollte die Jugend nichts von der altmodischen Maschine wissen. Sportlichkeit war angesagt. Und so schuf man in Milwaukee die Interimserie »K«, die jedoch nur von 1952 bis 1956 gebaut werden sollte. Gegen die erstarkte Konkurrenz aus Merry Old England hatten die verschiedenen K-Versionen einen schweren Stand, auch mit dem ab 1954 auf 870 cm³ gebrachten Hubraum. Immer noch seitengesteuert, konnte sie den ebenfalls aufgerüsteten Mitbewerbern kein Paroli bieten. Erst die für 1957 als Nachfolger auf den Markt gebrachten Sportster-Modelle mit dem Kürzel »XL« brachten einen dauerhaften Erfolg, der sich jedoch noch nicht gleich einstellen sollte. Durch zahlreiche Wettbewerbsversionen hatte man mit den KR-Modellen immer wieder auf das besonders sportliche Image der Serienmodelle hinweisen wollen, und weil diese bei einschlägigen Rennen immerhin beachtliche Ergebnisse vorweisen konnten, blieben sie denn auch recht lange im (Rennfahrer-)Programm (bis 1969). Auch von der neu geschaffenen Sporty gab es Rennversionen. Die Palette der XL geriet bald breiter. Zur Standard-XL gesellten sich die Versionen XLH, XLC und XLCH. Die beiden letzteren waren als Straßenrennmaschinen ausgelegt. Die XLC hatte aber merkwürdigerweise die niedrigere Verdichtung der XL, was für ein Rennfahrzeug nicht geeignet erscheint. So war denn für den sportlichen Youngster die XLCH (das »CH« steht für »Competition Hot«) die erste Wahl, die XLC gab es mangels Nachfrage auch nur im Jahr 1958. Die Standard-XL wurde noch bis 1959 durchgezogen, doch ab 1960 stellte

man auf ein Zwei-Modelle-Programm um (XLH und XLCH), das sich bis 1976 nicht ändern sollte. Lediglich 1957 sowie 1962/64 und 1972 gab es für kurze Zeit eine Militärversion der Sportster, genannt XLA (A = Army), die die letzte Armee-Version bis heute bleiben sollte. Nach zahlreichen Verbesserungen (so wurde beispielsweise 1967/68 auch bei den Sportys der Elektrostarter eingeführt) gab es erstmals für 1972 einschneidende Änderungen. Ab sofort tat jetzt nämlich der weiterentwickelte 1000er-Motor in beiden Versionen Dienst. Außer einem geringen Leistungszuwachs profitierte natürlich das verfügbare Drehmoment von dieser Maßnahme, doch schneller wurde die Sportster dadurch nicht. Darf man den Angaben in der Literatur glauben, sind sie sogar erheblich langsamer geworden... Die Maschine mit dem runden Liter Hubraum wurde bis 1985 hergestellt. Sie verhalf zahlreichen Versionen zu kraftvollem Antritt. So wurde für 1977 die XLT neu ins Programm aufgenommen. Mit diesem Modell wollte man bei Harley eine Mischung von Sport- und Tourenmaschine verwirklichen, was aber offensichtlich fehlschlug, denn die XLT war nur zwei Jahre lang in den Prospekten zu finden. Einem weiteren Modell sollte mehr Erfolg beschieden sein. Die zum Modellwechsel für 1979 eingeführte XLS löste die bisherige XLCH endgültig ab. Doch zuvor sorgte Milwaukee noch für eine weitere Überraschung in Form der XLCR (hier steht das »CR« für Café Racer). Jetzt mit den siamesischen Auspuffrohren und nur einem Sitzplatz versehen, stellte sie ein recht modernes Sportgerät dar. Daneben soll es noch eine spezielle Variante der XLH für die Polizei gegeben haben. Noch einmal, nämlich 1983/84 stellte Harley eine Rennsportmaschine für die Straße vor, die XR-1000. Mit den beiden Dell´Orto-Vergasern (die aus der Liaison mit dem italienischen Hersteller Aermacchi stammten) und den hochgezogenen Auspuffschalldämpfern war sie ein Unikum. Offiziell tauchte sie in den Listen nicht auf, war aber auf Wunsch in limitierter Zahl für Enthusiasten erhältlich. Unüblicherweise griff man für 1986 bei Harley wieder zum Motor mit dem kleineren Hubraum zurück. Es entstanden die XLH-883-Modelle (Standard, Deluxe und Hugger), während man für besonders sportliche Piloten noch eine größere Variante mit 1100 cm³ anbot. Alle Sportster waren ab dem Jahr 1986 nun auch endlich mit dem neuentwickelten »Evolution«-Motor ausgerüstet worden, auf den sie schon seit 1983 gewartet hatten. Bereits für 1988 rüstete man die »große« Sporty nochmals auf und verpasste ihr einen Motor mit nunmehr 1200 cm³ Hubraum, der mit dem alten Zwölfhunderter der E-Glide aber nur noch die Hubraumgröße gemeinsam hatte. Bohrung und Hub hatten sich in Richtung quadratischer Auslegung verschoben.

Einige Jahre waren keine großen Änderungen zu verzeichnen, doch für 1996 tat sich einiges. Die Deluxe wurde ersatzlos aus dem Programm genommen, während die 1200er zwei Schwestern neu begrüßen durfte, die 1200 Sport und die 1200 Custom. Und in 1998 kam noch die brandneue XL »53C«, die einen »Custom«-Look offeriert, dazu (mit 883 cm³). So heißt in amerikanischer Denkart ein Fahrzeug, das speziell auf besondere Kundenwünsche zugeschnitten ist.

Für 2000 ist nur der Wegfall der 1200er-Basis-Version zu vermelden und in 2001 blieb das Sportster-Angebot identisch. Alle Modelle besitzen jetzt die neuen 4-Kolben-Bremssättel und das patentierte Bremsscheibendesign.

SERIEN FX (1971 bis 1986)

Die schon fast klassisch zu nennende Zwei-Modelle-Strategie von Harley-Davidson endete 1971. Aus dem Triebwerk der F-Modelle und deren Rahmen schuf man mit dem Tank und der den Sportstern entliehenen Ausstattungs-

merkmalen sowie einem neuartigen Plastik-heckteil eine eigenständige Chopperbaureihe. Vorn mit 19-Zoll-Rädern, hinten mit 16-Zoll-Rädern, wich die Bereifung von den beiden XL- und F-Serien ab. Wie es sich für einen puristischen Chopper gehört, verfügte die neue Maschine über einen Kickstarter, obwohl die kleinere Sporty im Jahr 1968 einen E-Starter erhalten hatte. Erst für 1974 gab es den E-Starter auch bei dieser Baureihe, was zur FXE führte, wobei die Kickstarter-Version noch bis 1978 parallel dazu angeboten wurde. Mitten im Jahr 1976 wurde der bis dahin verwendete Bendix-Zenith-Vergaser durch eine auch heute noch gebräuchliche, zuverlässigere Keihin-Gasfabrik ersetzt.

Im Frühjahr 1977 erschien, als »Model 1977½ « die FXS Low Rider. Durch einen leicht gereckten Rahmen und anderen Maßnahmen wirkte das neue Fahrzeug wesentlich niedriger als seine ansonsten technisch gleichen Schwestern.

Zwei Jahre später waren weitere wichtige Neuerungen zu verzeichnen. Zum einen gab es bei der FX-Serie den bereits in 1978 bei den FL-Modellen eingeführten 80CID-Motor mit jetzt 1340 cm³ Hubraum, zum anderen erschien eine neue FXE-Variante, die FXEF mit dem größeren Doppeltank der F-Modelle. Dem verdankt sie auch ihren Beinamen Fat Bob. Diese gab es wahlweise mit dem kleineren und dem größeren Motor zu kaufen, was auch für die Grundversion FXE gilt. Die Standard-FX-1200 wurde gleichzeitig aus dem Programm genommen. Dann folgte schon der nächste Streich. Im Jahr 1980 erblickte die Wide Glide (FXWG) mit breiterer Gabelkonstruktion das Licht der Motorradwelt. Ausschließlich mit dem 80CID-Triebwerk bestückt, sollte dieses Modell in der FX-Reihe am längsten gefertigt werden. Die FXWG erhielt sukzessive zuerst den Riemenantrieb und dann den neuen Evolution-Motor. Das Fünfgang-Getriebe wurde ihr immer vorenthalten. Ende 1986 durfte sie dann als letztes Modell der

FX-Reihe in den verdienten Ruhestand gehen. Ebenfalls 1980 wurde eine weitere Variante vorgestellt, die FXB Sturgis. Nach einem bekannten Biker-Treffen im gleichnamigen Ort in den USA benannt, besaß dieses Modell erstmals den heute ausschließlich verwendeten Riemen-Sekundärantrieb (Belt-Drive). Zusammen mit der immer noch angebotenen FXS verschmolz dieses Modell 1983 zur FXSB.

SERIEN FXR (1982 bis 1994)

Dass Harley-Davidson seine Modelle erst allmählich durch neuere Konstruktionen ablöst, hat schon seit Jahrzehnten System. Bereits bei der Einführung der ersten ohv-Zweizylinder hatte man sich in Milwaukee immerhin zwölf Jahre lang Zeit gelassen, bis die großen alten Seitenventiler der moderneren Technik endlich Platz gemacht hatten. Diesmal ging es etwas schneller. Innerhalb von fünf Modelljahren sollte die neue FXR-Serie, gleich von Anfang an ausschließlich mit dem Fünfganggetriebe ausgerüstet, die seit 1971 angebotenen ersten Super Glides ersetzen. Der passende Name war auch gleich gefunden: Super Glide II. Damit war auch nach außen hin die Zielrichtung vorgegeben.

Mit der gänzlich neuen Rahmenbauweise, die an die große FLT-Serie entfernt erinnerte, nahm man endgültig Abschied von den Dekaden mit dem Guss-/Rohr-Rahmen. Hier hatten es die Kunden mit einer recht modernen eleganten Rahmenform zu tun, die aber immer noch unverwechselbar die Handschrift der Männer um Mr. Davidson trug. Schon bei der Einführung der neuen Modellreihe 1982 gab es die Standardversion FXR als simple Super Glide II und die aufwändiger ausstaffierte Variante FXRS als Low Glide, die dann nach dem Wegfall der Low Rider 1986 deren Nachfolge (mit gleichem Namen) übernahm. Bereits ein Jahr später kamen zwei neue Modelle hinzu, die FXRT »Sport Glide« (nicht zu verwechseln mit

der Electra Glide Sport) und die FXRP als »Low Rider Police«, die es dann auf immerhin drei Untervarianten brachte. Alle diese Police-Modelle waren auch für den privaten Kunden zu haben (natürlich ohne die spezielle Polizeiausstattung). Gerade die FXRP kam als erste Maschine in den Genuss des neuen »Evolution«-Motors, die anderen Modelle mussten teilweise bis 1986 warten. Nachdem 1984 die kurzlebige FXRDG »Disc Glide« quasi als Sondermodell auftauchte, um ein Jahr später gar nicht mehr angeboten zu werden, stießen 1985 wiederum zwei neue Modelle zur FXR-Gruppe dazu. Diese waren verfeinerte Versionen der Low Glide, inkonsequenterweise Low Rider Sport Edition (FXRS-L oder FXRS-SP codiert) und Low Rider Custom (FXRC) getauft. Nochmals ein Jahr später wurde die Diskrepanz behoben und die Low Glide wurde (siehe oben) ebenfalls zur Low Rider umfunktioniert. Daneben erschien gleichzeitig eine nochmals neue Schwester mit Namen Grand Touring Edition (FXRD), die jedoch insgesamt nur zwei Modellzyklen überlebte. Die oben erwähnte »Disc Glide« war übrigens die erste Harley mit einem hinteren Gussscheibenrad. Und es ging munter weiter: Noch 1987 gab es die Low Rider Custom, die merkwürdigerweise nur in 1985 aufgelegt worden war, als FXRC und als FXLR zu kaufen so dass in diesem Jahr zwei Modelle gleichen Namens, aber unterschiedlicher Codierung und Ausstattung existierten. Auch das sogenannte zusätzliche Anniversary-Modell zum zehnjährigen Jubiläum der Low Rider-Modelle stand unter dem Kürzel FXLR. Die ursprüngliche FXR-Grundversion war nach zwei Modelljahren erst einmal »geparkt« worden, ehe sie nach zwei Jahren wieder aufgelegt wurde, um dann jedoch bis zum Ende der ganzen FXR-Baureihe im Angebot zu verbleiben (1994). Erst als letzte Harley mit dem großen, vom Getriebe getrennten 80CID-Motor stattete man die FXR-Modelle ab 1985 mit dem Sekundärriemen aus. Noch 1990 gab man einem weiteren

FXR-Modell eine Markteinführung, das als »Low Rider Convertible« bekannt wurde (FXRS-CON), es wurde bis 1993 angeboten. Doch auch die Tage der FXR waren gezählt, denn die Nachfolgerinnen standen in den Startlöchern. So wurden nacheinander 1989 bis 1992 die ganzen FXRP-Varianten aus dem Programm genommen, FXRT und FXRS hielten bis 1992 durch. Die FXRS-SP war dann Ende 1993 fällig und nach dem abgelaufenen 94er-Modelljahr gehörte die Serie der Vergangenheit an.

SERIEN FXD (seit 1991)

Als Ablösung der von 1982 bis 1994 gebauten Serie FXR waren die auch heute noch gebauten Dyna-Glides gedacht. Über vier Modelljahre lang parallel zu den FXR angeboten, ist diese Ablösung jedoch ganz nach Harley-Manier nicht abrupt sondern sehr behutsam erfolgt.

Die Dynas bekamen wiederum einen völlig neuen Rahmen spendiert, der wesentlich schmaler baute als der Vorgänger-Rahmen und damit die Wendigkeit der Motorräder nochmals stark verbesserte. Die erste Variante stellte die nur ein Jahr lang angebotene FXDB »Sturgis« dar, deren Namen von der ersten Maschine mit Riemen-Sekundärantrieb (1980 bis 1982) ausgeborgt wurde. Diese FXDB bekam 1992 einen neuen wohlklingenden Namen: »Daytona«, der an die berühmte Rennstrecke in den USA erinnert. Gleichzeitig wurde ein weiteres Modell geschaffen, die FXDC »Custom«, die noch besser ausgestattet war als die Daytona.

Beide Modelle wurden für 1993 durch zwei weitere ersetzt, die FXDL »Dyna Low Rider« und die FXDWG »Dyna Wide Glide«. Erstere benutzte den schon von der FXS (1977) und der FXRS (1982) her bekannten Namen und letztere rief Erinnerungen an die erst noch für 1987 aus dem Programm genommene FXWG (die »Ur-Wide-Glide«) wach. Low Rider und Wide Glide werden auch heute noch gebaut. Für 1994 erschien eine nochmals neue Variante, die FXDS-CON, »Dyna Convertible« genannt. Auch dies ist ein nicht gerade neuer Name bei Harley-Davidson, denn die unmittelbare Vorgängerin aus der FXR-Serie (1990 bis 1993) hieß »Low Rider Convertible«. Ein Jahr später gab es bei den Dynas erneut Zuwachs, die Standard-Version wurde erstmals angeboten. Schlicht FXD codiert, hieß sie immerhin Dyna Super Glide und löste damit die Standard-FXR ab, die noch im vorigen Modelljahr offeriert worden war.

Nachdem die Convertible für 1999 aus den Prospekten verschwand, gab es auch gleich wieder Ersatz in Form der brandneuen FXDX, mit dem Namen »Dyna Super Glide Sport«. Alle 1999er Dynas sind darüber hinaus mit der Vergaserversion der neuesten Kreation der Harley-Motorentechniker bestückt, dem Twin Cam-Motor mit einem Hubraum von 1449 cm³.

Nach dem sich für das Modelljahr 2000 im Sortiment nichts geändert hat, gibt es für 2001 wieder eine Überraschung. Das Modell Dyna Super Glide T-Sport erblickt das Licht der Motorradwelt. Diese Ausführung der Dyna Sport-Version bekam eine Touring-Verkleidung spendiert und außer den beiden Modellen FXD und FXDL haben jetzt alle Dynas die neuen 4-Kolben-Bremssättel und das patentierte Bremsscheiben-Design.

BUELL (seit 1997)

Eric Buell, ein junger, rennsportbegeisterter Motorradspezialist aus den USA, hatte sich bereits im zarten Alter von 12 Jahren vom »Zweiradvirus« anstecken lassen und jobbt früh als Aushilfsmechaniker in einer Motorradwerkstatt. Dort erkannte man sein Talent und ernannte ihn bald zum Servicemanager. Nach seinem Ingenieurstudium fing er als Fahrwerksmann bei Harley-Davidson an, verließ die Company aber bereits im Jahre 1982 wieder, um sich auf eigene Füße zu stellen. Er begann mit dem Entwurf und Bau von Rennmaschinen; sein erstes selbst konstruiertes Motorrad von 1984 besaß einen Vierzylinder-Boxer-Zweitaktmotor und trug die schlichte Modellbezeichnung »RW 750«.

Nach 1987 verlegte sich Buell auf die Produktion straßentauglicher Sportmaschinen. In den kommenden sechs Jahren lieferte Harley-Davidson die Motoren für alle Buell-Modelle, die jetzt, zumindest in den USA, auch offiziell erworben werden konnten. Die Motoren aus der Sportster-Serie mussten zahlreiche Verbesserungen und Änderungen über sich ergehen lassen, bevor sie in den Buell-Typen zum Einsatz kamen. Die 1987er »Battletwin« besaß noch den Motor aus der XR 1000, während die 1989 vorgestellte »RS 1200 Westwind« den Motor der XLH 1200 erbte.

Eine enge Zusammenarbeit mit der »Company« bahnte sich an, weil H-D neue Märkte zu erschließen suchte. Man beteiligte sich Anfang 1994 mit 49 % an der neuen Buell Motorcycle Co., vier Jahre später wurde die Aktienmehrheit auf 98 % aufgestockt.

Das Zwillingspaar »Thunderbolt«(S2) und »Lightning«(S1) wurde in den Jahren 1994/1995 der Öffentlichkeit präsentiert. Beide basierten auf 1200er Harley-Motoren und wurden vereinzelt über Grauimporteure in Deutschland angeboten.

Die erste offiziell in der Bundesrepublik von autorisierten Händlern angebotene Buell war die 1997er »M2 Cyclone«. Natürlich wurden auch die Modelle S1 und die als Ablösung für die S2 gedachte S3 angeboten, letztere gab es auch mit einem Touring-Kit und hörte auf den Namen »Thunderbolt«. Für 1998 gab es die Sonderserie »S1 White Lightning«.

Neu für 1999 war die »X1 Lightning« mit digital gesteuerter EFI-Einspritzanlage als Nachfolger der S1. Doch da die S3 für zum Modelljahr 2000 ebenfalls von der Importliste gestrichen wurde, durfte sie auch als Ersatz für diese gelten.

Das deutsche Angebot für 2000/01 bestand daher nur noch aus den Modellen M2 »Cyclone« und X1 »Lightning«, während für den US-Markt ein kleineres Modell in Form der »Blast« aufgelegt wurde. Diese »kleine« Buell verfügte über nur einen Zylinder mit einem Hubraum von 492 cm³ und einer Leistung von 25kw/34PS bei 6500 Touren. An einen Export nach Europa war vorläufig noch nicht gedacht.

AUTORENVORSTELLUNG

Matthias Gerst, Jahrgang 1956, wurde in Stuttgart geboren. Nach dem Abitur 1975 studierte er Maschinenbau. Schon während des Studiums war er als freiberuflicher Mitarbeiter bei der Dokumentation Kraftfahrwesen (DKF) tätig.

1980 begann seine Arbeit beim damaligen TÜV Stuttgart, bei dessen Rechtsnachfolger TÜV Baden-Württemberg im Verbund TÜV Süddeutschland er noch heute in der Qualitätssicherung und der Ausbildung der jungen Ingenieure eingesetzt ist.

Dort galt sein Interesse von jeher den Oldtimern und exotischen Fahrzeugen aus aller Welt, für die er Ende der 80er-Jahre eine Datenbank initiierte, welche bundesweit großen Anklang fand.

Er ist, zusammen mit zwei Kollegen, Ansprechpartner bei der Oldtimerbegutachtung für den ganzen süddeutschen Raum.

Schon früh beschäftigte er sich mit US-Automobilen, denen dann später auch die Harley-Motorräder folgten. Seit einigen Jahren gilt er auch auf diesem Gebiet als anerkannter Experte.

Serien E/F

Mitten in der tiefsten Weltwirtschaftskrise zum späteren Erfolgsmodell entwickelt, stellte die neue E-Serie das erste Harley-Serienmodell mit einem V2-ohv-Motor dar. Obwohl besonders der Motor anfänglich noch Qualitätsprobleme verursachte, wurde er durch zahl-lose Änderungen immer zuverlässiger. Die Leistung stieg im Jahre 1941 durch einen etwas größeren Vergaser auf 24 bzw. 26 kW bei gleicher Nenndrehzahl an. Beide Modelle konnten wahlweise natürlich auch mit einem Seitenwagen bestückt werden. Für ihre Zeit waren sie relativ schnell. Natürlich wurde auch ein Windschild angeboten. In den ersten Modelljahren waren die Fahrzeuge mit dem traditionellen »Fishtail«-Auspufftopf bestückt, später kam dann eine Ausführung mit »Schwalbenschwanz« zum Einsatz, der dann bis Ende der 40er-Jahre serienmäßig verbaut wurde.

Baureihe:	E
Modell:	E/EL
Bauzeit:	1936 - 1945
Motor:	V2-Zylinder
Ventile:	ohv
Hubraum (cm³)	988
B x H:	84,1 x 88,9 mm
Leistung/1/min:	E/EL 22/25 kW (30/34 PS)/4600
Vergaser:	Linkert
Anzahl Gänge:	4
Sekundärantrieb:	Kette
Bremsen:	v./h. Trommel
Vmax.	E: 135 km/h /EL: 140 km/h
Zulässiges GG:	440 kg
Reifen:	v./h. 4.00-18/4.00-18 (1936-1939) v./h. 5.00-16/5.00-16 (1940-1945)
Neupreis:	$ 435 (1938 EL)
Anmerkungen:	Straightleg-Starrrahmen; Bild und Daten von 1938

Serien E/F

Äußerlich nahezu identisch und auch motor-seitig mit bloßem Auge nicht zu unterscheiden, wurde das F-Modell ab 1941 mit 1200 cm³ der E-Serie zur Seite gestellt. Noch besseres Drehmoment und eine nochmals höhere Endgeschwindigkeit brachten dieser Neuheit auf Anhieb Freunde ein. Der größte Teil der Produktion ging aber in Form der seitenge-steuerten W-Modelle an die Army. Schon von Beginn an profitierten die F-Modelle von den bei der Serie E bereits 1940 eingeführten neuen Reifengröße 5.00-16, die trotz des ungefederten Hinterrades eine merkliche Ver-besserung des Federungsverhaltens brachte. Bis 1945 nahezu unverändert gebaut, sollten beide Modellserien danach fast jedes Jahr größere Änderungen erfahren.

Baureihe:	F
Modell:	F/FL
Bauzeit:	1941 bis 1945
Motor:	V2-Zylinder
Ventile:	ohv
Hubraum (cm³)	1207
B x H:	87,3 x 100,8 mm
Leistung/1/min:	F/FL: 31/32 kW (42/44 PS)/4800
Vergaser:	Linkert
Anzahl Gänge:	4
Sekundärantrieb:	Kette
Bremsen:	v./h. Trommel
Vmax.	145 km/h/FL: 145 km/h
Zulässiges GG:	440 kg
Reifen:	v./h.5.00-16/5.00-16
Neupreis:	$ 465 (1941 FL)
Anmerkungen:	Straightleg-Starrrahmen; im Bild ein Motorrad von 1941.

Serien E/F

Zum Modelljahr 1946 waren erstmals auch wieder zivile Maschinen der E- und F-Serie frei erhältlich und das motorisierungshungrige Amerika stürzte sich erwartungsgemäß darauf. Die Leistungen waren etwas angewachsen, die Endgeschwindigkeiten blieben dank unveränderter Übersetzungen gleich. Für 1946 wurde für etwa anderthalb Jahre der sogenannte »Bullneck-Rahmen« eingeführt, um dann bald wieder der früheren Version Platz zu machen und nach nur einem weiteren halben Jahr wiederum vom neuen »Wishbone-Rahmen« ersetzt zu werden. Dieser hatte erstmals eine werkseitig vorgesehene Möglichkeit zum Anbringen eines Lenkerschlosses. Obwohl mit gleichen technischen Daten angegeben, war der 1948er-Motor eine wesentliche Verbesse-

Baureihe:	E/F
Modell:	E/EL und F/FL
Bauzeit:	1946 bis 1948
Motor:	V2-Zylinder
Ventile:	ohv
Hubraum (cm³):	988/1207
B x H:	84,1 x 88,9 mm/
	87,3 x 100,8 mm
Leistung/1/min:	E/EL
	24/26 kW (33/35 PS)/4600
	F/FL
	31/32 kW (42/44 PS)/4800
Vergaser:	Linkert
Anzahl Gänge:	4
Sekundärantrieb:	Kette
Bremsen:	v./h. Trommel
Vmax.	E/EL: 135/140 km/h
	F/FL: 145 km/h
Zulässiges GG:	440 kg
Reifen:	v./h.5.00-16/5.00-16
Neupreis:	$ 465 (1946 FL)
Anmerkungen:	Straightleg-Starrrahmen
	(1946/47); Bowleg-Starr-
	rahmen (1948); Bild und
	Daten zeigen FL von 1947.

rung gegenüber dem bisher verwendeten Aggregat. Äußerlich erkennt man diesen Motor mit der Bezeichnung »Panhead« an den flachen Zylinderkopfdeckeln. Bisher hatte der »Knnucklehead-Motor« noch einen vergleichsweise zerklüfteten Deckel gehabt.

1947

MODÊLO 1.200 c. c. Válvula Lateral

De todos os modêlos produzidos na America do Norte é êste o preferido pelos motociclistas de todo o mundo.

O seu funcionamento perfeito, à toda prova, faz dêle a moto favorita para qualquer uso: policia, comércio, recreio, sem ou com side-car.

Tem, como todos outros modêlos, uma válvula reguladora de gasolina, colocada no alto do tanque à esquerda, permitindo o uso imediato da gasolina de reserva.

Êstes modêlos são providos de estribos aerodinâmicos, dobráveis, colocados de modo a garantir o máximo conforto.

Os tanques dêstes modêlos são geminados e comunicam-se entre si.

As rodas dos side-cars são desmontáveis e intercambiáveis com às da motocicleta.

Serien E/F

Ein weiterer Meilenstein stellte die 1949 vorgestellte »Hydra-Glide« dar, das erste Modell von Harley-Davidson, das einen Modellnamen erhielt. Er sollte die neue hydraulische Telesgabel hervorheben, die es erstmals bei HD serienmäßig gab. Bereits ein paar Jahre vorher hatte man begonnen, damit zu experimentieren. Feinarbeit am Motor sowie ein neuer Vergaser führten zu einer Leistungssteigerung. Am Ende des 1950er-Modelljahres wurden die niedriger verdichteten Standard-Modelle E und F aus dem Programm genommen. Der Preis für alle Modelle war gegenüber 1948 nochmals um 15% gestiegen, um dann für 1950 gleich zu bleiben.

Baureihe:	E/F
Modell:	E/EL und F/FL »Hydra Glide«
Bauzeit:	1949 bis 1950
Motor:	V2-Zylinder
Ventile:	ohv
Hubraum (cm³)	988/1207
B x H:	84,1 x 88,9 mm/ 87,3 x 100,8 mm
Leistung/1/min:	E/EL: 27/29 kW (37/40 PS)/4800; F/FL: 33/35 kW (45/48 PS)/4800
Vergaser:	Linkert
Anzahl Gänge:	4
Sekundärantrieb:	Kette
Bremsen:	v./h. Trommel
Vmax.	E/EL/F: 145 km/h; FL: 150 km/h
Zulässiges GG:	440 kg
Reifen:	v./h.5.00-16/5.00-16
Neupreis:	$ 750 (1949 FL)
Anmerkungen:	Bowleg-Starrrahmen. Im Bild ein Modell FL von 1949, Daten ebenfalls von 1949

Serien E/F

Für 1951 blieben also die etwas schwächeren Modelle auf der Strecke. Die Motorleistung wuchs nochmals auf 40 bzw. 54 PS an, und die schnellste FL rannte damit immerhin 155 km/h, ein 160-PS-Cadillac war auch nicht schneller. Der Preis für das Modell FL stieg um 20% (!) auf nunmehr 900 US-Dollar an. Eine wichtige Bedienungserleichterung führte HD im Jahr 1952 ein. Es gab das langerwartete Fußschaltgetriebe, das über die kommenden 20 Jahre langsam aber sicher die antiquierte Tankschaltung mit der »Mausefallen-Kupplung« ablösen sollte.

Baureihe:	E/F
Modell:	EL/FL Hydra Glide
Bauzeit:	1951 bis 1952
Motor:	V2-Zylinder
Ventile:	ohv
Hubraum (cm³)	988/1207
B x H:	84,1 x 88,9 mm/
	87,3 x 100,8 mm
Leistung/1/min:	EL: 29 kW (40 PS)/4800;
	FL: 40 kW (54 PS)/5000
Vergaser:	Linkert
Anzahl Gänge:	4
Sekundärantrieb:	Kette
Bremsen:	v./h. Trommel
Vmax.	145/155 km/h
Zulässiges GG:	440 kg
Reifen:	v./h.5.00S16/5.00S16
Neupreis:	$ 900 (1951 FL)
Anmerkungen:	Bowleg-Starrrahmen;
	Bild und Daten: FL, 1951.

The Leader In The Field …

For sheer power . . . luxurious rolling enjoyment . . . and finger-tip handling . . . the 74 O.H.V. has no equal. This is the ultimate in motorcycles . . . a definite must for the rider who insists on the best that money can buy . . . one ride, and you'll agree that the Harley-Davidson "74" is the royal ruler of the road.

74 O.H.V.

Serien E/F

In 50ern stieg die Leistung kontinuierlich an. Die FL von 1953 wies immer noch 54 PS auf, kam dann 1954 auf 57 PS, stieg bei der FLH 1955 um weitere 3 PS und führte dann zur FLE mit anfänglich 60, dann 65 PS. Das erste E-Modell hatte immerhin 30 PS besessen... Gezeigt werden hier die letzten Harley-Starr-Rahmenmodelle zu sehen. Noch bis ins Jahr 1957 bot HD, ausgerechnet bei seinen teuersten Modellen, diese schon sehr in die Jahre gekommene Rahmenbauweise an.
Die Rahmen der Jahre 1955 bis 1957 hatten wieder die früheren geraden vorderen Unterzüge und hießen deshalb auch wieder »Straightleg«-Rahmen, wie die bis 1947 verwendeten Konstruktionen.

Baureihe:	F
Modell:	FL/FLH/FLE
Bauzeit:	1953 bis 1957
Motor:	V2-Zylinder
Ventile:	ohv
Hubraum (cm³)	1207
B x H:	87,3 x 100,8 mm
Leistung/1/min:	40/44/48 kW bei 5000/5400/5400
Vergaser:	Linkert
Anzahl Gänge:	4
Sekundärantrieb:	Kette
Bremsen:	v./h. Trommel
Vmax.	155 km/h/FLH: 160 km/h FLE: 165 km/h
Zulässiges GG:	440 kg
Reifen:	v./h. 5.00S16/5.00S16
Neupreis:	$ 1015 (alle 1954er-Modelle)
Anmerkungen:	Bowleg-Starrrahmen (bis 1954); Straightleg-Starrrahmen (ab 1955); Modelle FL »Hydra Glide« gebaut 1953-1957; FLH »Hydra Glide«(44 kW, 1955-1957) sowie FLE »Hydra Glide« (48 kW, 1953-1956). Im Bild: Mj 1953.

Serien E/F

Ganz neu kamen für 1958 die ersten Schwingenrahmen in der großen Harley-Klasse zum Einsatz; sie wurden »Knick-schwingenrahmen« genannt, nach dem charakteristischen Knick vor der oberen Feder-beinaufhängung. Die FLH war nun immerhin bei einer Leistung von 67 PS angelangt, die FLE wurde schon seit Ende 1956 nicht mehr angeboten.

Die großen Modelle hießen ab sofort »Duo Glide«, um die doppelte Federung (vorn und hinten) zu verdeutlichen. Die etwas niedriger verdichtete FL, die hauptsächlich für den

Baureihe:	F
Modell:	FL/FLH Duo Glide
Bauzeit:	1958 bis 1964
Motor:	V2-Zylinder
Ventile:	ohv
Hubraum (cm³):	1207
B x H:	87,3 x 100,8 mm
Leistung/1/min:	FL: 42 kW (57 PS)/5200;
	FLH: 49 kW (67 PS)/5600
Vergaser:	Linkert
Anzahl Gänge:	4
Sekundärantrieb:	Kette
Bremsen:	v./h. Trommel
Vmax.:	155 km/h/FLH: 165 km/h
Zulässiges GG:	440 kg
Reifen:	v./h. 5.00S16/5.00S16
Neupreis:	$ 1375 (1960 FLH)
Anmerkungen:	Knickschwingenrahmen;
	im Bild Mj 1960.

Behördeneinsatz gedacht war, begnügte sich mit 57 PS. Für 1963 änderte man an der immer noch sehr zuverlässigen »Panhead«--Maschine die Zuführung des Schmierstoffes, der nun durch außenliegende Leitungen zum Zylinderkopf gelangte. Diese Tatsache brachte ihr den Namen »Außenöler« ein.

Serien E/F

Für 1965 überraschte Harley-Davidson seine Kundschaft mit einem neuen 12-Volt-System und einem elektrischen Anlasser. Dieser stand auch für den Namen des neuen Modells Pate: »Electra Glide«. Er überlebte bis in unsere Tage. Gleichzeitig war dies auch das letzte Modelljahr für den nun altgedienten »Panhead-Motor«, der nach 18 Modelljahren Ende 1965 ins Museum wanderte. Die eigens dafür entwickelte zweite Schwingenrahmengeneration trug die neue E-Glide in die nächsten beiden Jahrzehnte. Für das immer höher steigende Gewicht der schweren Harleys wurde eine verstärkte Ausführung unabdingbar. Das zulässige Gesamtgewicht stieg von bisher 440 kg auf nahezu eine halbe Tonne (492 kg).

Baureihe:	F
Modell:	FL/FLH Electra Glide
Bauzeit:	1965
Motor:	V2-Zylinder
Ventile:	ohv
Hubraum (cm³)	1207
B x H:	87,3 x 100,8 mm
Leistung/1/min:	FL: 42 kW (57 PS)/5200
	FLH: 49 kW(67 PS)/5600
Vergaser:	Linkert
Anzahl Gänge:	4
Sekundärantrieb:	Kette
Bremsen:	v./h. Trommel
Vmax.	155 km/h/FLH: 165 km/h
Zulässiges GG:	492 kg
Reifen:	v./h. 5.00S16/h. 5.00S16
Neupreis:	ca. $ 1500 (1965 FLH)
Anmerkungen:	Straight-Schwingenrahmen

Serien E/F

Gleich die zweite Serie erhielt einen neuen Motor, den »Shovelhead«. Die Leistung blieb zwar gleich, erhielt aber neue Tillotson-Vergaser anstelle der bisher verwendeten Linkert-Gasfabriken. Für 1969 gab es wahlweise die bei den Pkw schon längere Zeit erhältlichen sogenannten »Niederquerschnittreifen« in Form der Größe 5.10-16. Alle Harley-Modelle waren aber auch weiterhin vorn und hinten mit Bremstrommeln bestückt.

Baureihe:	F
Modell:	FL/FLH Electra Glide
Bauzeit:	1966 bis 1969
Motor:	V2-Zylinder
Ventile:	ohv
Hubraum (cm³)	1207
B x H:	87,3 x 100,8 mm
Leistung/1/min:	FL: 42 kW (57 PS)/5200; FLH: 49 kW (67 PS)/5600
Vergaser:	Tillotson
Anzahl Gänge:	4
Sekundärantrieb:	Kette
Bremsen:	v./h. Trommel
Vmax.	155 km/h/FLH: 165 km/h
Zulässiges GG:	492 kg
Reifen:	v. 5.00S16/5.10S16 (ab 69) h. 5.00S16/5.10S16(ab 69)
Neupreis:	$ 1900 (1969 FLH)
Anmerkungen:	Straight-Schwingenrahmen; Daten und Bild Modell 1969

Serien E/F

Es kommen die zahmeren Jahre. Trotz des
neuen Bendix-Zenith-Vergasers sank die
Leistung der FLH-Modelle auf nunmehr 63 PS
und später sogar 60 PS ab und die Endgeschwindigkeit ging auf 156 km/h zurück.
Diese Eckdaten sollten für nahezu zehn Jahre
konstant bleiben.

Baureihe:	F
Modell:	FL/FLH Electra Glide
Bauzeit:	1970 bis 1971
Motor:	V2-Zylinder
Ventile:	ohv
Hubraum (cm³)	1207
B x H:	87,3 x 100,8 mm
Leistung/1/min:	FL: 42 kW (57 PS)/5200;
	FLH: 46 kW(63 PS)/5200
Vergaser:	Bendix-Zenith
Anzahl Gänge:	4
Sekundärantrieb:	Kette
Bremsen:	v./h. Trommel
Vmax.	150 km/h/FLH: 156 km/h
Zulässiges GG:	492 kg
Reifen:	v./h.5.10S16/5.10S16
Neupreis:	DM 13.598,- (1971 FLH)
Anmerkungen:	Straight-Schwingenrahmen;
	Daten und Bild Mj 1971

Serien E/F

Wichtigste technische Neuerung der Jahre 1972 bis 1974 war die Einführung der Scheibenbremsen. Vorn wurden sie bei den F-Modellen 1972 serienmäßig eingeführt, während die hintere Trommelbremse erst im darauffolgenden Jahr abgelöst wurde. Beide sind ohne Lochungen ausgeführt. Die Preise der Neufahrzeuge schwankten natürlich mit dem Dollarkurs, doch insgesamt blieben sie bis 1980 annähernd gleich. Einzige Ausnahme bildet das Jahr 1975 in dem ein Preisschild über DM 15.130,- an der FLH zu sehen war. Im Jahr 1973 gab es kleinere Änderungen an den Rahmen. Fast jedes Jahr erschienen neue Tankembleme.

Baureihe:	F
Modell:	FL/FLH Electra Glide
Bauzeit:	1972 bis 1974
Motor:	V2-Zylinder
Ventile:	ohv
Hubraum (cm³)	1207
B x H:	87,3 x 100,8 mm
Leistung/1/min:	FL: 42 kW (57 PS)/5200; FLH: 46 kW (63 PS)/5200
Vergaser:	Bendix-Zenith
Anzahl Gänge:	4
Sekundärantrieb:	Kette
Bremsen:	v./h. S/T (1972) v./h. S/S (1973)
Vmax.	150 km/h/FLH: 156 km/h
Zulässiges GG:	492 kg
Reifen:	v./h.5.10S16/5.10S16
Neupreis:	DM 14.171,- (1972 FLH)
Anmerkungen:	Straight-Schwingenrahmen, Bild Modell 1972

Serien E/F

Nachdem auch die Bendix-Zenith-Vergaser nicht zur Zufriedenheit der Harley-Kundschaft arbeiteten, schaffte man für 1976 endgültig Abhilfe, indem man die japanischen Keihin-Vergaser montierte, welche auch in allen Vergaser-Harleys noch heute Dienst tun. Auch die Scheibenbremsen hatten sich bewährt, weshalb zwischenzeitlich alle Modelle damit ausgerüstet worden waren.

Baureihe:	F
Modell:	FL/FLH Electra Glide
Bauzeit:	1975 bis 1976
Motor:	V2-Zylinder
Ventile:	ohv
Hubraum (cm³)	1207
B x H:	87,3 x 100,8 mm
Leistung/1/min:	FL: 42 kW (57 PS)/5200; FLH: 44 kW (60 PS)/5200
Vergaser:	Keihin
Anzahl Gänge:	4
Sekundärantrieb:	Kette
Bremsen:	v./h. Scheiben
Vmax.	150 km/h/FLH: 156 km/h
Zulässiges GG:	492 kg
Reifen:	v./h.5.10S16/5.10S16
Neupreis:	DM 13.995,- (1975 FLH)
Anmerkungen:	Straight-Schwingenrahmen. Im Bild Mj 1975

Serien E/F

Sozusagen als Sondermodell kurz vor dem 75-jährigen Jubiläum der Marke, erschien nur für 1977 das Modell Electra Glide Sport. Technisch gesehen war diese Maschine mit der regulären FLH identisch, wies aber einige Abweichungen in der Ausstattung auf. So besaß sie keine Lenkerverkleidung, sondern nur ein an der Gabel montiertes Windschild. Auch die Sitzbank ähnelte eher derjenigen der FX-Modelle als den großen »Buddy-Seats« der FLH.

Baureihe:	F
Modell:	FLHS E-Glide Sport
Bauzeit:	1977
Motor:	V2-Zylinder
Ventile:	ohv
Hubraum (cm³)	1207
B x H:	87,3 x 100,8 mm
Leistung/1/min:	44 kW (60 PS)/5200
Vergaser:	Keihin
Anzahl Gänge:	4
Sekundärantrieb:	Kette
Bremsen:	v./h. Scheiben
Vmax.	156 km/h
Zulässiges GG:	492 kg
Reifen:	v./h.5.10-16/5.10-16
Neupreis:	DM n.a.
Anmerkungen:	Mit Straight-Schwingenrahmen; Bezeichnung Electra-Glide Sport

Serien E/F

Mit gleichbleibender Leistung ging die 1200er-Harley in die letzten Produktionsjahre. Schon im Jahr 1978 wurde parallel die Ablösungsmaschine in Form der auf 1340 cm³ gebrachten FLH-80 angeboten. Noch 1979 erhöhte man durch einige wenige Rahmenmodifikationen das erlaubte Gesamtgewicht von 492 kg auf 520 kg und trug damit der immer weiter anwachsenden Palette der Zusatzausstattungen Rechnung. Zum Schluss der Modelllaufzeit konnten dann noch wahlweise die neuen MT90-16-Reifen geordert werden, wobei die bisherigen Pneus natürlich im Angebot verblieben.

Baureihe:	F
Modell:	FL/FLH Electra Glide
Bauzeit:	1977 bis 1980
Motor:	V2-Zylinder
Ventile:	ohv
Hubraum (cm³)	1207
B x H:	87,3 x 100,8 mm
Leistung/1/min:	FL: 42 kW (57 PS)/5200; FLH: 44 kW (60 PS)/5200
Vergaser:	Keihin
Anzahl Gänge:	4
Sekundärantrieb:	Kette
Bremsen:	v./h. Scheiben
Vmax.	FL: 150m/h; FLH: 156 km/h
Zulässiges GG:	492 kg (520 kg nur 1979-1980)
Reifen:	v. 5.10S16/MT90S16 h. 5.10S16/MT90S16
Neupreis:	DM 13.620,- (1977 FLH)
Anmerkungen:	Straight-Schwingenrahmen; Bild: Modell 1978

Serien E/F

Ab 1978 parallel für drei Modelljahre zur bisherigen 1200er-Version angeboten, war die neue 1340er-FLH mit dem drehmomentstärkeren 80-CID-Motor ausgerüstet. Trotz gleicher Leistung bei niedrigerer Nenndrehzahl erlaubt nun eine andere Gesamtübersetzung eine höhere Endgeschwindigkeit. Vorn jetzt neu mit doppelten Bremsscheiben bestückt, sollte die immer noch hinter der Konkurrenz herhinkende Verzögerungsfähigkeit verbessert werden. Rechtzeitig zum 75.Geburtstag von HD erschienen, gab es von dem neuen Modell auch gleich eine Sonderserie »Anniversary« mit besonders reichhaltiger Ausstattung (nur in 1978).

Baureihe:	F
Modell:	FLH-80 Electra Glide 1340
Bauzeit:	1978 bis 1980
Motor:	V2-Zylinder
Ventile:	ohv
Hubraum (cm³)	1338
B x H:	88,8 x 108 mm
Leistung/1/min:	44 kW (60 PS)/4400
Vergaser:	Keihin
Anzahl Gänge:	4
Sekundärantrieb:	Kette
Bremsen:	v./h. Scheiben
Vmax.	160 km/h
Zulässiges GG:	492 kg (1978) 520 kg (1979-1980)
Reifen:	v./h. MT90S16/MT90S16
Neupreis:	DM 13.950,- (Standard FLH)
Anmerkungen:	Straight-Schwingenrahmen; Bild zeigt Sondermodell E-Glide 1340 »Anniversary« von 1978

Serien E/F

Harley-Davidson bot bereits im Jahre 1914 seinen ersten werksseitig montierten Seitenwagen an, der in den kommenden vier Jahrzehnten auf eine stattliche separate Modellpalette anwuchs. In den 60ern ging die Nachfrage dann drastisch zurück, und man beschränkte sich daher auf ein Einheitsmodell mit dem Kürzel »LE«. Alle großen Harleys konnten und können bis heute mit einem Werks-Seitenwagen bestellt werden, wobei die Auswahl in jüngerer Zeit wieder größer geworden ist. Im Bild zu sehen ist die 1979er-Ausführung.

Baureihe:	F
Modell:	FLH (S) Electra Glide
Bauzeit:	1979
Motor:	V2-Zylinder
Ventile:	ohv
Hubraum (cm³):	1338
B x H:	88,8 x 108 mm
Leistung/1/min:	44 kW (60 PS)/5250
Vergaser:	Keihin
Anzahl Gänge:	4
Sekundärantrieb:	Kette
Bremsen:	v./h. Trommel
Vmax.	120 km/h
Zulässiges GG:	700 kg
Reifen:	v./h. MT90-16/ MT90-16
Neupreis:	DM n.a.
Anmerkungen:	Seitenwagenrahmen

Serien E/F

Als weitere Aufwertung der schon eindrucks-voll daherkommenden F-Modelle schuf man in Milwaukee Ende der 70er-Jahre noch eine Version mit verbesserter Ausstattung, die Electra Glide Classic. Damit spielte man auf die nun schon lange Tradition großer Maschi-nen an. Für 1981 wurde das zulässige Gesamtgewicht nochmals leicht auf 535 kg angehoben. Dazu bot man nur in 1981 und 1982 eine Sonderversion mit dem Namen »Heritage« an, die die Verbundenheit mit der Tradition noch stärker zur Schau stellte. Ob-wohl die normale Electra Glide noch bis 1984 weitergebaut wurde, machte die Classic-Variante der für 1983 vorgesehenen neuen FLHT mit dem Fünfganggetriebe Platz.

Baureihe:	F
Modell:	FLH Electra Glide Classic
Bauzeit:	1979 bis 1982
Motor:	V2-Zylinder
Ventile:	ohv
Hubraum (cm³)	1338
B x H:	88,8 x 108 mm
Leistung/1/min:	47 kW (64 PS)/4600
Vergaser:	Keihin
Anzahl Gänge:	4
Sekundärantrieb:	Kette
Bremsen:	v./h. Scheiben
Vmax.	160 km/h
Zulässiges GG:	520 kg (1979-1980 535 kg (ab 1981)
Reifen:	v./h. MT90S16/MT90S16
Neupreis:	DM 18.525,-/18.290,- (Heritage)
Anmerkungen:	Straight-Schwingenrahmen; im Bild: FLH Classic, 1981

FLH-C-80 ELECTRA GLIDE CLASSIC.

Serien E/F

Immer noch mit nur vier Gangstufen wurde die »alte« E-Glide noch bis ins Modelljahr 1984 weitergebaut, um dann endgültig von der auf der bereits im Jahr 1980 erschienenen FLT basierenden FLHT (ebenfalls mit dem Namen »Electra Glide«) abgelöst zu werden. Merkwürdigerweise bot man beide Modelle 1983 und 1984 parallel an. Noch im letzten Modelljahr 1984 versah man die Viergangversion mit einer weiteren Neuerung, die sukzessive in allen Harleys zum Einsatz kam: dem Sekundär-Riemenantrieb.

Baureihe:	F
Modell:	FLH Electra Glide
Bauzeit:	1981 bis 1984
Motor:	V2-Zylinder
Ventile:	ohv
Hubraum (cm³)	1338
B x H:	88,8 x 108 mm
Leistung/1/min:	47 kW (64 PS)/4600
Vergaser:	Keihin
Anzahl Gänge:	4
Sekundärantrieb:	Kette (ab 1984 Riemen)
Bremsen:	v./h. Scheiben
Vmax.	160 km/h
Zulässiges GG:	535kg
Reifen:	v./h MT90S16/MT90S16
Neupreis:	DM 20.170,- (1983 FLH)
Anmerkungen:	Straight-Schwingenrahmen

FLH **ELECTRA GLIDE**®

Serien FLT/FLHT

Baureihe:	FLT
Modell:	FLT
Bauzeit:	1980 bis 1983
Motor:	V2-Zylinder
Ventile:	ohv
Hubraum (cm³)	1338
B x H:	88,8 x 108 mm
Leistung/1/min:	52 kW (71 PS)/5800
Vergaser:	Keihin
Anzahl Gänge:	5
Sekundärantrieb:	Kette
Bremsen:	v./h. Scheiben
Vmax.	160 km/h
Zulässiges GG:	535 kg
Reifen:	v./h. MT90S16/MT90S16
Neupreis:	DM 21.380,- (1983 FLT)
Anmerkungen:	Großer Schwingenrahmen; im Bild Tour Glide, 1980.

Die Ende 1979 für das Modelljahr 1980 neu eingeführte Tour-Glide bot etwas bei HD bisher noch nie Dagewesenes, nämlich ein serienmäßiges Fünfganggetriebe. Dafür hatte man um den Shovelhead-Motor einen komplett neuen Rahmen konstruiert, der mit dem alten Guss-/Rohr-Rahmen nichts mehr gemeinsam hatte. Eine erstmals rahmenfeste Verkleidung, in der zwei gleich große Rundscheinwerfer Platz fanden, gab der neuen Maschine ein wuchtiges Aussehen, das sie auch klar von der Electra Glide abhob, die drei Scheinwerfer und eine lenkerfeste Verkleidung hatte. Eine Leistungserhöhung auf über 70 PS ließ das neue Modell gegenüber der E-Glide auch im Fahrbetrieb nicht zurückfallen. Der Motor war aber ansonsten nahezu identisch geblieben.

Serien FLT/FLHT

Als dritte große Harley im Bunde erschien, als Nachfolger für die Viergang-FLH vorgesehen, im Modelljahr 1983 die neue Electra Glide mit dem Kürzel FLHT. Das zusätzliche »T« stand für den aus der Fünfgang-FLT übernommenen Rahmen. Äußerlich sah die FLHT jedoch der FLH sehr ähnlich, hatte sie doch deren Motor und lenkerfeste Verkleidung geerbt. Von Anfang an als Standard- und Classic-Version angeboten, hatte sie einen festen Platz im Modellprogramm. Nur im 1983 wurde sie ausschließlich mit Shovelhead-Motor ausgeliefert, dann kam die ehrwürdige alte Antriebsmaschine in die Ahnengalerie...

Baureihe:	FLHT
Modell:	FLHT/FLHTC
Bauzeit:	1983
Motor:	V2-Zylinder
Ventile:	ohv
Hubraum (cm³)	1338
B x H:	88,8 x 108 mm
Leistung/1/min:	52 kW (71 PS)/5800
Vergaser:	Keihin
Anzahl Gänge:	5
Sekundärantrieb:	Kette
Bremsen:	v./h. Scheiben
Vmax.	160 km/h
Zulässiges GG:	535 kg
Reifen:	v./h. MT90S16/MT90S16
Neupreis:	DM 21.330,- (1983 FLHT)
Anmerkungen:	Großer Schwingenrahmen; FLHTC = Electra Glide Classic

W FLHT ELECTRA GLIDE®AND FLHT CLASSIC.

Serien FLT/FLHT

Ab 1984 erhielten alle großen Harleys den schon seit seiner Einführung im Modell FXB Sturgis 1980 bekannten Sekundär-Riemenantrieb, ebenso den erstmals in der Polizei-Ausführung der FXR 1983 verwendeten Evolution-Motor. 1984 folgte eine Bremsanlage mit jetzt zwei gelochten Scheiben vorn. Die Leistung der FLT-Modelle war großen Schwankungen unterworfen. Die anfänglichen 67 PS sanken 1985 auf 64 PS, 1986 auf 58 PS, 1988 auf 50 und im Jahr darauf auf 49 PS. 1991 erstarkte sie wieder auf 63 PS, sank dann aber auf 60 PS ab. Für die Endgeschwindigkeit blieb dies nicht ohne Auswirkung. Die Tour Glide und Tour Glide Classic wurden mit verschiedenen Änderungen bis ins Jahr 1993 angeboten.

Baureihe:	FLT
Modell:	FLTC Tour Glide Classic
Bauzeit:	1984 bis 1993
Motor:	V2-Zylinder
Ventile:	ohv
Hubraum (cm³)	1338
B x H:	88,8 x 108 mm
Leistung/1/min:	49 kW (67 PS)/5200 (1984)
Vergaser:	Keihin
Anzahl Gänge:	4
Sekundärantrieb:	Riemen
Bremsen:	v./h. Scheiben
Vmax.	162 km/h
Zulässiges GG:	535 kg
Reifen:	v.: MT90S16/MT90HB16 (ab 91)
	h.: MT90S16/MT90HB16 (ab 91)
Neupreis:	DM 25.360,-/28.270,- (1984/1991)
Anmerkungen:	Großer Schwingenrahmen; im Bild Modell 1984

Serien FLT/FLHT

Auch die neue FLHT Electra Glide kam 1984 in den Genuss der neuen Evolution-Maschine. Die Leistungsangaben schwankten entsprechend denen der Tour Glides. Diese Elektra Glide mit Evolution-Motor löste nach Ablauf des Jahres 1984 die »alte« FLH endgültig ab. Auch die neue Variante gab es wieder in den beiden Ausführungen Electra Glide und Electra Glide Classic, wobei letztere durch eine feinere Ausstattung glänzen konnte. Sie besaß ab Werk mehr Chrom und eine Zweifarbenlackierung.

Baureihe:	FLHT
Modell:	FLHT/FLHTC Electra Glide
Bauzeit:	1984 bis 1987
Motor:	V2-Zylinder
Ventile:	ohv
Hubraum (cm³)	1338
B x H:	88,8 x 108 mm
Leistung/1/min:	43 kW (58 PS)/5000 (1986)
Vergaser:	Keihin
Anzahl Gänge:	5
Sekundärantrieb:	Riemen
Bremsen:	v./h. Scheiben
Vmax.	160 km/h
Zulässiges GG:	535 kg
Reifen:	v./h. MT90S16/MT90S16
Neupreis:	DM 27.390,- (1986 FLHT)
Anmerkungen:	Großer Schwingenrahmen; FLHTC = Electra Glide Classic. Im Bild E-Glide 1987

Serien FLT/FLHT

Schon 1977 war für kurze Zeit eine erste Electra Glide Sport erschienen. Genau zehn Jahre später wurde dieser Name wiederbelebt und das damit betitelte Modell zu einem festen Bestandteil der Harley-Modellpalette gemacht. Leistungsmäßig ebenfalls an die Änderungen der anderen großen Modelle gekoppelt, hatten sie die gleiche technische Ausrüstung. Nur in der Ausstattung traten Unterschiede auf. Die Lenkerverkleidung fehlte ebenso wie die typische FLHT-Sitzbank sowie das Top-Case und die Sissy-bar.

Baureihe:	FLHT
Modell:	FLHS E-Glide Sport
Bauzeit:	1987 bis 1991
Motor:	V2-Zylinder
Ventile:	ohv
Hubraum (cm³)	1338
B x H:	88,8 x 108 mm
Leistung/1/min:	37 kW (50 PS)/4800 (1988)
Vergaser:	Keihin
Anzahl Gänge:	5
Sekundärantrieb:	Riemen
Bremsen:	v./h. Scheiben
Vmax.	145 km/h
Zulässiges GG:	535 kg
Reifen:	v. MT90-16/MT90B16 (ab 91)
	h. MT90-16/MT90B16 (ab 91)
Neupreis:	DM: 23.375,- (1988 FLHS)
Anmerkungen:	Großer Schwingenrahmen;
	im Bild Mj 1988

Serien FLT/FLHT

Zusätzlich zu den Standard- und Classic-Varianten gab es ab 1989 für alle großen Harleys noch eine Luxusausführung zu kaufen, die den Namen »Ultra« trug. So hieß die Tour-Glide-Variante nun »Ultra Classic Tour Glide«. Geschmackvolle Zweifarbenlackierungen und überreichlicher Chromzierrat hoben diese Modelle von den weniger aufwändig ausgestatteten Modellen ab. Auch dieses Modell machte alle Leistungsschwankungen mit. Die »Ultras« in der Tour-Glide-Form wurden wie alle Tour-Glides bis zum Modelljahr 1996 angeboten; die Leistung betrug nach 1992 wieder einheitlich 60 PS.

Baureihe:	FLT
Modell:	FLTC
Bauzeit:	1989 bis 1996
Motor:	V2-Zylinder
Ventile:	ohv
Hubraum (cm³)	1338
B x H:	88,8 x 108 mm
Leistung/1/min:	35 kW (48 PS)/5000 (1989)
Vergaser:	Keihin
Anzahl Gänge:	5
Sekundärantrieb:	Riemen
Bremsen:	v./h. Scheiben
Vmax.	135-145 km/h
Zulässiges GG:	535 kg (571 kg ab 1995)
Reifen:	v. MT90-16/MT90B16 (ab 91)
	h. MT90-16/MT90B16 (ab 91)
Neupreis:	DM 31.280,- (1989-FLTCU)
Anmerkungen:	Großer Schwingenrahmen; im Bild FLTC Classic Tour-Glide, 1988.

Serien FLT/FLHT

Auch in der Electra-Glide-Baureihe gab es ab 1989 die Ultra-Varianten, deren letzte Vergaserversionen noch bis 1998 verkauft wurden. Die Leistungsschwankungen auf dem deutschen Markt gingen natürlich auch an diesen Maschinen nicht vorüber. Für 1995 wurde eine weitere Erhöhung des zulässigen Gesamtgewichts erforderlich, da die Modelle immer schwerer geworden waren. Nunmehr standen für die Solomaschinen immerhin 571 kg zur Verfügung, den Seitenwagen-maschinen konnten 735 kg aufgebürdet werden. Die Keihin-Gasfabriken blieben bis zum letzten Modelljahr Harley-Standard.

Baureihe:	FLHT
Modell:	FLHTCU
Bauzeit:	1989 bis 1998
Motor:	V2-Zylinder
Ventile:	ohv
Hubraum (cm³)	1338 (bis 1998)
B x H:	88,8 x 108 mm/ 95,3 x 101,6 mm
Leistung/1/min:	44 kW (60 PS)/5000
Vergaser:	Keihin
Anzahl Gänge:	5
Sekundärantrieb:	Riemen
Bremsen:	v./h. Scheiben
Vmax.	145 km/h
Zulässiges GG:	535 kg (571 kg ab 1995)
Reifen:	v. MT90-16/MT90B16 (ab 91) h. MT90-16/MT90B16 (ab 91)
Neupreis:	DM 31.280,-/37.450,- (1989/1997)
Anmerkungen:	Großer Schwingenrahmen. Im Bild Ultra Classic Electra-Glide, 1990.

Serien FLT/FLHT

Parallel zu den Ultras wurden die Classic-Modelle weiter angeboten. Technisch gesehen waren diese Maschinen alle identisch; sie unterschieden sich nur in der Ausstattung. Dies schlug sich auch klar im Preisgefüge nieder. So kostete 1997 die Electra Glide Classic DM 32.600,-, die Ultra Classic Electra Glide hingegen mit DM 37.450,- deutlich mehr. Alle Modelle stellten im Modelljahr 1991 auf sogenannte »Bias-Belted«-Reifen um. Dies sind in der Grundbauweise Diagonalreifen mit einer zusätzlichen radialen Lage.

Baureihe:	FLHT
Modell:	FLHTC E-Glide Classic
Bauzeit:	1989 bis 1998
Motor:	V2-Zylinder
Ventile:	ohv
Hubraum (cm³)	1338
B x H:	88,8 x 108 mm
Leistung/1/min:	44 kW (60 PS)/5000
Vergaser:	Keihin
Anzahl Gänge:	5
Sekundärantrieb:	Riemen
Bremsen:	v./h. Scheiben
Vmax.	145 km/h
Zulässiges GG:	535 kg (571 kg ab 1995)
Reifen:	v. MT90-16/MT90B16 (ab 91)
	h. MT90-16/MT90B16 (ab 91)
Neupreis:	DM 29.400,-/32.600,- (1992/1997)
Anmerkungen:	Großer Schwingenrahmen; im Bild Electra-Glide Classic, 1997.

Serien FLT/FLHT

Auch die FLHS (»Electra Glide Sport«) unterlag den gleichen Änderungen mit wie die Classics und die Ultras, die Daten entsprachen sich. Interessanterweise war die FLHS rund 3.000 Mark preiswerter als die Classic-Versionen. Die FLHS wurden zwei Jahre nach Erscheinen der Electra Glide Road King aus dem Programm genommen.

Baureihe:	FLHT
Modell:	FLHS E-Glide Sport
Bauzeit:	1992 bis 1995
Motor:	V2-Zylinder
Ventile:	ohv
Hubraum (cm³)	1338
B x H:	88,8 x 108 mm
Leistung/1/min:	44 kW (60 PS)/5000
Vergaser:	Keihin
Anzahl Gänge:	5
Sekundärantrieb:	Riemen
Bremsen:	v./h. Scheiben
Vmax.	145 km/h
Zulässiges GG:	535 kg (571 ab 1995)
Reifen:	v./h. MT90B16/MT90B16
Neupreis:	DM 26.200,- (1992)
Anmerkungen:	Großer Schwingenrahmen; im Bild eine E-Glide Sport von 1992

Serien FLT / FLHT

Die Vergaservariante der Road King aus der Electra-Glide-Serie wird auch heute noch angeboten. Ab 1994 mit einheitlich 60 PS ausgeschrieben, galt diese Angabe für alle Harleys mit dem großen Motor (außer den Softail-Modellen). Das Modelljahr 1999 brachte mit der Einführung des brandneuen Twin-Cam-Motors einen erklecklichen Leistungszuwachs, so dass heute wieder 69 PS zur Verfügung stehen. Dieser Motor hat neu zwei Nockenwellen und einen nochmals auf 1,45-Liter erhöhten Hubraum, den größten, den es bis heute in einer Harley-Serienmaschine gegeben hat. Entsprechend zugelegt haben auch Drehmoment und Nennleistung. Wie bei den anderen großen Harleys stieg das Maximalgewicht auf jetzt 571 kg an. Selbstverständlich werden alle diese Modelle mit dem Sekundär-Riemenantrieb ausgerüstet.

Baureihe:	FLHR
Modell:	FLHR Road King
Bauzeit:	seit 1994
Motor:	V2-Zylinder
Ventile:	ohv
Hubraum (cm³)	1338 (bis 1998)
	1449 (ab 1999)
B x H:	88,8 x 108 mm/
	95,3 x 101,6 mm
Leistung/1/min:	44 kW (60 PS)/5000 bis 98
	50 kW (69 PS)/5500 ab 99
Vergaser:	Keihin
Anzahl Gänge:	5
Sekundärantrieb:	Riemen
Bremsen:	v./h. Scheiben
Vmax.	145 km/h (155 km/h ab 99)
Zulässiges GG:	535 kg (571 kg ab 1995)
Reifen:	v./h. MT90B16/MT90B16
Neupreis:	DM 31.450,- (1994)
Anmerkungen:	Großer Schwingenrahmen; im
	Bild: E-Glide Road King, 1994

Serien FLT/FLHT

Wer genügend Kleingeld – 50.000 Mark und mehr – hatte, konnte Mitte der 90er Jahre ein Harley-Gespann wie dieses kaufen. Es handelt sich um eine Ultra Classic Electra Glide, die Top-Version der FLHT-Baureihe, die mit zahlreichen Features noch beliebig veredelt werden konnte. Seit dem Beginn der 50er-Jahre gab es bei Harley-Davidson spezielle Gabelbrücken für Seitenwagengespanne, die verstellbar sind. So ist es möglich, dass bei wahlweisem Solobetrieb die Gabel immer die richtige Neigung hat.

Baureihe:	LHT
Modell:	FLHTCU (S)
Bauzeit:	1994
Motor:	V2-Zylinder
Ventile:	ohv
Hubraum (cm³)	1338
B x H:	88,8 x 108 mm
Leistung/1/min:	44 kW (60 PS)/5000
Vergaser:	Keihin
Anzahl Gänge:	5
Sekundärantrieb:	Riemen
Bremsen:	v./h. Scheiben
Vmax.	120 km/h (?)
Zulässiges GG:	735 kg (als Gespann)
Reifen:	v./h MT90-16/MT90-16
Neupreis:	DM 53.190,-
Anmerkungen:	Großer Schwingenrahmen; Bezeichnung: Ultra Classic Electra-Glide

Serien FLT/FLHT

Erstaunlichereise kam mit der Einführung der Electra Glide Standard eine gegenläufige Entwicklung zum Tragen, die man bisher bei HD vergebens gesucht hatte. Nach der immer weiterer Luxus-Aufrüstung (Classics und Ultras) gab es erstmals eine auch so genannte »Standard«-Version bei den großen Modellen zu kaufen, die auch heute noch angeboten wird. Neuerdings - seit 1999 - wird dieses Modell mit dem für alle großen Maschinen serienmäßigen Twin-Cam-Motor bestückt., was einen wesentlichen Leistungszuwachs und entsprechendes Drehmoment bedeutet.

Baureihe:	FLHT
Modell:	FLHT Electra Glide
Bauzeit:	seit 1995
Motor:	V2-Zylinder
Ventile:	ohv
Hubraum (cm³)	1338 (bis 1998)
	1449 (ab 1999)
B x H:	88,8 x 108 mm/
	95,3 x 101,6 mm
Leistung/1/min:	44 kW (60 PS)/5000 bis 98
	50 kW (69 PS)/5500 ab 99
Vergaser:	Keihin
Anzahl Gänge:	5
Sekundärantrieb:	Riemen
Bremsen:	v./h. Scheiben
Vmax.	150 km/h (160 km/h ab 99)
Zulässiges GG:	571 kg
Reifen:	v./h. MT90-16/MT90-16
Neupreis:	DM 26.800,- (1997)
Anmerkungen:	Großer Schwingenrahmen;
	im Bild eine E-Glide Standard,
	1996.

Serien FLT/FLHT

Baureihe:	FLT
Modell:	FLTCU-I Tour Glide
Bauzeit:	1996
Motor:	V2-Zylinder
Ventile:	ohv
Hubraum (cm³)	1338
B x H:	88,8 x 108 mm
Leistung/1/min:	44 kW (60 PS)/5000)
Gemischaufber.:	Einspritzanlage
Anzahl Gänge:	5
Sekundärantrieb:	Riemen
Bremsen:	v./h. Scheiben
Vmax.	150 km/h
Zulässiges GG:	571 kg
Reifen:	v./h. MT90-16/MT90-16
Neupreis:	n.a.
Anmerkungen:	Großer Schwingenrahmen

Bereits für 1995 in einigen »Special Edition«-Modellen eingeführt und im gleichen Jahr für die strengen schweizerischen Abgasbestimmungen sogar mit einem ungeregelten Katalysator bestückt, kommen nun auch Varianten mit Einspritzmotoren auf den Markt. Obwohl die neue Technik leistungsmäßig keine Verbesserung darstellt, hat sie doch Laufruhe und Zuverlässigkeit nochmals verbessert. Die Einspritzmodelle der Tour-Glide-Reihe gab es nur im Modelljahr 1996. Danach verschwanden die Tour Glides für zwei Jahre in der Versenkung, um dann als Road Glide für 1999 wieder aufzuerstehen. Die technischen Daten entsprechen praktisch denen der Vergasermodelle.

Serien FLT/FLHT

Die Road Kings (»Könige der Straße«) kamen ebenfalls in den Genuss des neuen Einspritzmotors. Allerdings wurde die Road King in dieser Form nur zwei Jahre lang angeboten. Dann machte sie der Nachfolgemaschine in Form der Road King Classic den Weg frei. Alle großen Harleys mit den Einspritzmotoren weisen dieselben technischen Daten auf.

Baureihe:	FLHR
Modell:	FLHR-I
Bauzeit:	1996 bis 1997
Motor:	V2-Zylinder
Ventile:	ohv
Hubraum (cm³)	1338
B x H:	88,8 x 108 mm
Leistung/1/min:	44 kW (60 PS)/5000
Gemischaufber.:	Einspritzung
Anzahl Gänge:	5
Sekundärantrieb:	Riemen
Bremsen:	v./h. Scheiben
Vmax.	150 km/h
Zulässiges GG:	571 kg
Reifen:	v./h. MT90-16/MT90-16
Neupreis:	DM 31.680,- (1997)
Anmerkungen:	Großer Schwingenrahmen; Verkaufsbez. Electra-Glide Road King Injection

Serien FLT/FLHT

Verblüffenderweise haben die Einspritzversionen der großen Harleys nicht mehr, sondern eher etwas weniger Leistung als die Vergasermaschinen. Dies bestätigt, dass diese Modelle nicht auf schiere Leistung sondern deren sanfte Entfaltung getrimmt sind.
Die Electra Glide Classic wurde letztmals für das 98er-Modelljahr angeboten. Seither gibt es nur noch die Versionen »Standard« und Ultra Classic«, dazwischen klafft eine Lücke.

Baureihe:	FLHT
Modell:	FLHTC-I
Bauzeit:	1996 bis 1998
Motor:	V2-Zylinder
Ventile:	ohv
Hubraum (cm³)	1338 (bis 1998)
	1449 (ab 1999)
B x H:	88,8 x 108 mm/
	95,3 x 101,6 mm
Leistung/1/min:	44 kW (60 PS)/5000
Gemischaufber.:	Einspritzung
Anzahl Gänge:	5
Sekundärantrieb:	Riemen
Bremsen:	v./h. Scheiben
Vmax.	150 km/h
Zulässiges GG:	571 kg
Reifen:	v./h. MT90-16/MT90-16
Neupreis:	DM 34.100,- (1997)
Anmerkungen:	Großer Schwingenrahmen;
	im Bild Electra-Glide Classic
	EFI, 1997.

Serien FLT/FLHT

Die neue FLHRC-I löste für 1998 die bisherige FLHR-I ab. Man verpasste ihr den Beinamen »Classic« und damit auch eine verfeinerte Ausstattung, um sie vom Grundmodell mit Vergaser (FLHR) abzuheben. Für 1999 kommt auch bei dieser Maschine der neue Twin-Cam-Motor zur Geltung, der hier ebenfalls 67 PS leistet und das Motorrad immerhin auf 155 km/h bringt. Zusammen mit dem harmonischen Fünfgang-Getriebe garantiert diese Kombination eine schaltfaule Fahrweise bei bester Drehmomentausbeute.

Baureihe:	FLHR
Modell:	FLHRC-I
Bauzeit:	seit 1998
Motor:	V2-Zylinder
Ventile:	ohv
Hubraum (cm³)	1338 (1998)
	1449 (ab 1999)
B x H:	88,8 x 108 mm/
	95,3 x 101,6 mm
Leistung/1/min:	44 kW (60 PS)/5000 (1998)
	49 kW (67 PS)/5500 (ab 99)
Gemischaufber.:	Einspritzung
Anzahl Gänge:	5
Sekundärantrieb:	Riemen
Bremsen:	v./h. Scheiben
Vmax.	145 km/h(155 km/h ab 1999)
Zulässiges GG:	571 kg
Reifen:	v./h. MT90-16/MT90-16
Neupreis:	DM 34.400,- (1999)
Anmerkungen:	Großer Schwingenrahmen; im Bild E-Glide Road King Classic EFI von 1998.

Serien FLT/FLHT

Zwar schon früher auf Wunsch erhältlich, doch erst in jüngster Zeit in den Prospekten auch herausgestellt, sind die Seitenwagenmodelle der Serie Road King. Hier ist die Classic-Version mit Einspritzung abgebildet, die für 1999 mit dem Twin-Cam-Motor ausgerüstet wird. Dieses Modell stellt heute die einzige Seitenwagenversion des amerikanischen Herstellers dar, dessen Grundpreis unter DM 50.000,- liegt.

Baureihe:	FLHR
Modell:	FLHRC-I (S)
Bauzeit:	seit 1998
Motor:	V2-Zylinder
Ventile:	ohv
Hubraum (cm³):	1338 (1998)
	1449 (ab 1999)
B x H:	88,8 x 108 mm/
	95,3 x 101,6 mm
Leistung/1/min:	44 kW (60 PS)/5000 (1998)
	49 kW (67 PS)/5500 (ab 99)
Gemischaufber.:	Einspritzung
Anzahl Gänge:	5
Sekundärantrieb:	Riemen
Bremsen:	v./h. Scheiben
Vmax.	120 km/h
	(125 km/h ab 1999) (?)
Zulässiges GG:	571 kg
Reifen:	v./h. MT90-16/MT90-16
Neupreis:	DM 48.350,- (1999)
Anmerkungen:	Großer Schwingenrahmen;
	im Bild Mj 1998.

Serien FLT/FLHT

Das heutige Topmodell der Harley-Baureihe stellt diese Ultra Classic Electra Glide dar. Bisher noch mit der Einspritzvariante des 1340 cm³-Evolution-Motors bestückt, glänzt für 1999 auch die neue Twin-Cam-Maschine mit ihrem serienmäßigen ungeregelten Kataly-sator in diesem Modell. Wie alle großen Harleys sind auch die Ultras immer mit den MT90 HB16-Reifen ausgerüstet.

Baureihe:	FLHT
Modell:	FLHTCU-I
Bauzeit:	seit 1996
Motor:	V2-Zylinder
Ventile:	ohv
Hubraum (cm³)	1338 (bis 1998)
	1449 (ab 1999)
B x H:	88,8 x 108 mm/
	95,3 x 101,6 mm
Leistung/1/min:	44 kW (60 PS)/5000 (1998)
	49 kW (67 PS)/5500 (ab 99)
Gemischaufber.:	Einspritzung
Anzahl Gänge:	5
Sekundärantrieb:	Riemen
Bremsen:	v./h. Scheiben
Vmax.	150 km/h
	(160 km/h ab 1999)
Zulässiges GG:	571 kg
Reifen:	v./h. MT90-16/MT90-16
Neupreis:	DM 41.200,- (1999)
Anmerkungen:	Großer Schwingenrahmen;
	im Bild Ultra Classic Electra-
	Glide EFI, 1999

Serien FLT/FLHT

Nach zwei Jahren Abstinenz wurde die FLT-Serie für 1999 wieder aufgelegt, doch nicht in ihrer ursprünglichen Form. Das neue Modell heißt jetzt Road Glide (mit dem Kürzel FLTR), hat aber mit der Road King nur den Namensteil gemeinsam. Wie die früheren FLT-Modelle, besitzt dieses Fahrzeug eine rahmenfeste Verkleidung mit dem charakteristischen Doppelscheinwerfer. Als neuestes Modell wird es ausschließlich mit dem Twin-Cam-Motor ausgeliefert. In den USA gibt es neben dem serienmäßigen Einspritzmotor noch die Vergaser-Version.

Baureihe:	FLT
Modell:	FLTR-I Road Glide EFI
Bauzeit:	seit 1999
Motor:	V2-Zylinder
Ventile:	ohv
Hubraum (cm³):	1449
B x H:	95,3 x 101,6 mm
Leistung/1/min:	49 kW (67 PS)/5500
Gemischaufber.:	Einspritzung
Anzahl Gänge:	5
Sekundärantrieb:	Riemen
Bremsen:	v./h. Scheiben
Vmax.	155 km/h
Zulässiges GG:	571 kg
Reifen:	v./h. MT90-16/MT90-16
Neupreis:	n. a.
Anmerkungen:	Großer Schwingenrahmen

Serien FXST/FLST

Als Reminiszenz an die alten Starr-Rahmen schuf man bei Harley-Davidson eine völlig neue Modellreihe mit der Rahmen-Optik der 50er-Jahre. Dies erreichte man durch die Verwendung einer »Dreieckschwinge«, die mit zwei liegenden Federbeinen kombiniert war, welche von außen nicht zu sehen waren. Mit der Reifenkombination der noch kurze Zeit parallel dazu weitergebauten FXWG-Modelle und deren Rahmenvorderteil zusammen mit den neuen großen Evolution-Motoren, waren sie echte Chopper mit relativ weicher hinterer Federung, weshalb sie auch den übergeordne-ten Modellnamen »Softail« trugen. Mit einer Höchstgeschwindigkeit von etwa 165 km/h waren sie für Harley-Verhältnisse sogar recht schnell. Im Jahr 1984 wurde nur das Grund-modell angeboten. Der verwendete Rahmen

Baureihe:	FXST
Modell:	FXST Softail
Bauzeit:	1984 bis 1985
Motor:	V2-Zylinder
Ventile:	ohv
Hubraum (cm³)	1338
B x H:	88,8 x 108 mm
Leistung/1/min:	47 kW (64 PS)/5200
Vergaser:	Keihin
Anzahl Gänge:	4
Sekundärantrieb:	Kette
Bremsen:	v./h. Scheiben
Vmax.	165-170 km/h
Zulässiges GG:	492 kg
Reifen:	v./h. MH90S21/MT90S16
Neupreis:	DM 24.200,- (1984)
Anmerkungen:	Softail-Schwingenrahmen Typ I; im Bild Softail 1985

wurde zum Modelljahr 1986 bereits durch eine im Heckbereich stark veränderte Konstruktion ersetzt, die auch heute noch bei allen Softail-Modellen zu finden ist.

ST **SOFTAIL**™

Serien FXST/FLST

Im dritten Produktionsjahr der Softail-Serie erschienen gleich zwei neue Schwestermodelle, alle mit einem stark veränderten Rahmen. Das Grundmodell wurde weiterhin angeboten, dazu kam eine luxuriösere Variante, die Softail Custom mit dem Kürzel FXST-C. In Anlehnung an die großen FLHT-Modelle, erschien gleichzeitig eine Variante mit vorderem 16-Zoll-Rad, das eben von den FLHT übernommen wurde. Folgerichtig bekam diese Maschine das Kürzel FLST und den Namen Heritage Softail. So wird schnell klar, dass alle Softail-Modelle mit 16-Zoll-Vorderrad in Zukunft die Heritage-Serie bilden, aber den gemeinsamen Oberbegriff FXST behalten sie trotzdem.

Baureihe:	FXST
Modell:	FLST Heritage Softail
Bauzeit:	1986 bis 1990
Motor:	V2-Zylinder
Ventile:	ohv
Hubraum (cm³)	1338
B x H:	88,8 x 108 mm
Leistung/1/min:	43 kW (58 PS)/5000 (1987)
Vergaser:	Keihin
Anzahl Gänge:	5
Sekundärantrieb:	Riemen
Bremsen:	v./h. Scheiben
Vmax.	160 km/h
Zulässiges GG:	492 kg
Reifen:	v./h. MT90S16/MT90S16
Neupreis:	DM 23.940,- (1987)
Anmerkungen:	Softail-Schwingenrahmen Typ II; im Bild Modell 1987.

Serien FXST/FLST

Die Luxusversion FXST-C (Softail Custom) ab 1986 besaß, wie ihre Schwestern, einen Evolution-Motor mit leicht gesunkener Leistung, was sich aber im Fahrbetrieb nicht auswirkte. Die Softails erfreuten sich seit dem Beginn ihrer Marktpräsenz eines regen Zuspruchs. Allein auf ihr Konto gingen im Jahre 1986 rund 8.700 verkaufte Exemplare in aller Welt, 1987 waren es bereits etwa 12.000 Stück, 1988 schon über 15.000 Maschinen.

Baureihe:	FXST
Modell:	FXST Softail
Bauzeit:	1986 bis 1990
Motor:	V2-Zylinder
Ventile:	ohv
Hubraum (cm³)	1338
B x H:	88,8 x 108 mm
Leistung/1/min:	43 kW (58 PS)/5000 (1986)
Vergaser:	Keihin
Anzahl Gänge:	5
Sekundärantrieb:	Riemen
Bremsen:	v./h. Scheiben
Vmax.	160 km/h
Zulässiges GG:	492 kg
Reifen:	v./h. MH90S21/MT90S16
Neupreis:	DM 23.185,- (1988)
Anmerkungen:	Softail-Schwingenrahmen Typ II; im Bild Mj 1988

Serien FXST/FLST

Das Programm der Softail-Serie wurde immer mehr verbreitert. Im Jahr 1988 kamen gleich zwei neue Varianten ins Spiel, die FXST-S Springer Softail und die FLST-C, das Gegenstück zur FXST-C. Insgesamt volle 13 Jahre sollte die 1986 erschienene Softail Custom in Produktion bleiben, bis sie in den Ruhestand verabschiedet wurde. Stetige Verbesserungen an allen wichtigen Komponenten bewiesen, dass Harley-Davidson wieder qualitativ hochwertige Produkte bieten konnte. Auch verbesserte sich die Laufkultur der Motoren erheblich; nicht zuletzt trugen moderne Zündanlagen und immer leisere Auspufftöpfe dazu bei.

Baureihe:	FXST
Modell:	FXST-C
Bauzeit:	1986 bis 1992
Motor:	V2-Zylinder
Ventile:	ohv
Hubraum (cm³):	1338
B x H:	88,8 x 108 mm
Leistung/1/min:	45 kW (61 PS)/5000 (1989)
Vergaser:	Keihin
Anzahl Gänge:	5
Sekundärantrieb:	Riemen
Bremsen:	v./h. Scheiben
Vmax.	148 km/h
Zulässiges GG:	492 kg
Reifen:	v./h. MH90-21/MT90-16
Neupreis:	DM 24.295,- (1989)
Anmerkungen:	Softail-Schwingenrahmen Typ II; im Bild eine Softail Custom von 1989

Serien FXST/FLST

Eine weitere Neuheit stellte man für das Jahr 1990 auf die beiden 16-Zoll-Räder. Die FLST-F war geboren. Mit dem prägnanten Namen »Fat Boy« erinnerte sie an die alten »Fat Bob«-Modelle aus der ursprünglichen FX-Serie. Das neue Modell erhielt die bereits aus zwei sehr kurzlebigen Modellen her bekannten Vollgussräder, die der Fat Boy ihr unverwechselbares Aussehen verliehen und viele Nachahmer fanden.

Baureihe:	FXST
Modell:	FLST-F Fat Boy
Bauzeit:	1990 bis 1992
Motor:	V2-Zylinder
Ventile:	ohv
Hubraum (cm³)	1338
B x H:	88,8 x 108 mm
Leistung/1/min:	33 kW (45 PS)/4800 (1990)
Vergaser:	Keihin
Anzahl Gänge:	5
Sekundärantrieb:	Riemen
Bremsen:	v./h. Scheiben
Vmax.	145 km/h
Zulässiges GG:	492 kg
Reifen:	v./h. MT90-16/MT90-16
Neupreis:	DM 28.270,- (1992)
Anmerkungen:	Softail-Schwingenrahmen Typ II; im Bild Mj 1990

Serien FXST/FLST

Die bereits weiter vorne erwähnte FXST-S, genannt »Springer Softail« war wiederum ein Kind der Harley-Nostalgiewelle. Hier wurde ein antiquiertes Bauteil in Form der mechanisch gefederten Gabel (»Spring« = Feder) mit moderner Technik kombiniert, was den Fans sofort gefiel. Harley-Davidson hatte bei den großen Modellen die mechanische Gabelfederung zum Modelljahr 1949 aufgegeben, bei den W-Modellen wurde sie noch bis zum Schluss (1952) verwendet. Obwohl beim Original-Vorbild der 30er- und 40er-Jahre nie verchromt, wurde diese optische Verfeinerung bei den modernen Nachfahren verwendet. Wiederum mit dem 21-Zoll-Vorderrad ausgerüstet, unterstrich der schmale Reifen die schlanke Erscheinung der Springer-Gabel noch.

Baureihe:	FXST
Modell:	FXST-S Springer Soft.
Bauzeit:	1988 bis 1992
Motor:	V2-Zylinder
Ventile:	ohv
Hubraum (cm³):	1338
B x H:	88,8 x 108 mm
Leistung/1/min:	33 kW (45 PS)/4800 (1990)
Vergaser:	Keihin
Anzahl Gänge:	5
Sekundärantrieb:	Riemen
Bremsen:	v./h. Scheiben
Vmax.:	145 km/h
Zulässiges GG:	492 kg
Reifen:	v./h. MH90-21/MT90-16
Neupreis:	DM 28.450,- (1992)
Anmerkungen:	Softail-Schwingenrahmen Typ II; im Bild eine Springer Softail, 1990

Serien FXST/FLST

Baureihe:	FXST
Modell:	FLST-C
Bauzeit:	1988 bis 1992
Motor:	V2-Zylinder
Ventile:	ohv
Hubraum (cm³)	1338
B x H:	88,8 x 108 mm
Leistung/1/min:	36 kW (49 PS)/5000 (1991)
Vergaser:	Keihin
Anzahl Gänge:	5
Sekundärantrieb:	Riemen
Bremsen:	v./h. Scheiben
Vmax.	145-150 km/h
Zulässiges GG:	492 kg
Reifen:	v./h. MT90-16/MT90-16
Neupreis:	DM 28.860,- (1992)
Anmerkungen:	Softail-Schwingenrahmen Typ II; im Bild Heritage Softail Classic, 1991

Im gleichen Jahr wie die Springer Softail erschien auch die FLST-C in der Heritage-Serie. Wer vermutet hat, dass hier die Heritage Softail Custom dahintersteht, sieht sich getäuscht. Wie so oft bei Harley-Davidson, bedeuten gleiche Buchstaben in anderer Kombination etwas ganz anderes: Das Modell heißt Heritage Softail Classic. Im Gegensatz zur FXST-C ist dieses Modell auch heute noch im Angebot. Von den Leistungsschwankungen der großen Harley blieben natürlich auch die Softails nicht verschont, so dass die angegebene Leistung immer nur für das betreffende Modelljahr gültig ist. Die Heritage-Modelle sind auch durchweg etwas behäbiger als die normalen Softails, und aufgrund ihrer besseren Ausstattung auch etwas teurer. Den Rahmen teilen sich aber beide Serien.

Serien FXST/FLST

Für das Modelljahr 1993 wartete Milwaukee mit einer weiteren Version in der Heritage-Reihe auf: die Heritage Softail Nostalgia mit eleganter Zweifarbenlackierungen und feinem »Pin-Striping«. Nicht überladen, aber doch gekonnt und reichlich mit Chromteilen bestückt, stellte sie eine Synthese aus Vergangenheit und Gegenwart dar. Unterstrichen wurde dies noch durch die sogenannten »Fishtail«-Auspufftöpfe im 30er-Jahre Design. Dazu gehörten natürlich auch Draht- anstatt Gussspeichen-räder. Allen Softail-Modellen eigen ist die Bremsanlage, vorn mit einer gelochten und hinten mit einer ungelochten Bremsscheibe.

Baureihe:	FXST
Modell:	FLST-N Nostalgia
Bauzeit:	1993
Motor:	V2-Zylinder
Ventile:	ohv
Hubraum (cm³)	1338
B x H:	88,8 x 108 mm
Leistung/1/min:	35 kW (48 PS)/4900
Vergaser:	Keihin
Anzahl Gänge:	5
Sekundärantrieb:	Riemen
Bremsen:	v./h. Scheiben
Vmax.	145-150 km/h
Zulässiges GG:	492 kg
Reifen:	v./h. MT90-16/MT90-16
Neupreis:	DM 30.350,- (1993)
Anmerkungen:	Softail-Schwingenrahmen Typ II; im Bild Heritage Softail Nostalgia, 1993

Serien FXST/FLST

Unerwarteterweise legte Harley bereits ein Jahr später den Begriff »Nostalgia« schon wieder zu den Akten. Kuzerhand wurde die Maschine in »Heritage Softail Special« umbenannt, wie sie dann auch bis zur Produktionseinstellung 1996 heißen sollte. Das Modellkürzel FLST-N blieb ihr jedoch erhalten.

Baureihe:	FXST
Modell:	FLST-N Special
Bauzeit:	1994 bis 1996
Motor:	V2-Zylinder
Ventile:	ohv
Hubraum (cm³)	1338
B x H:	88,8 x 108 mm
Leistung/1/min:	35 kW (48 PS)/4900 (1994)
Vergaser:	Keihin
Anzahl Gänge:	5
Sekundärantrieb:	Riemen
Bremsen:	v./h. Scheiben
Vmax.	145 km/h
Zulässiges GG:	492 kg
Reifen:	v./h. MT90-16/MT90-16
Neupreis:	DM 31.250,- (1994)
Anmerkungen:	Softail-Schwingenrahmen Typ II; im Bild Heritage Softail Special, 1994

Serien FXST/FLST

Die Springer-Softail mit der verchromten
mechanischen Vorderradgabel ist auch heute
noch im Angebot. Die Änderungen für jedes
Modelljahr werden, ähnlich wie bei den
meisten anderen Harley-Modellen, sehr behutsam vorgenommen und betreffen häufig nur
unsichtbare Details. Anfang der 90er-Jahre
bahnte sich die Zusammenarbeit mit dem
Sportwagenhersteller Porsche an. Dessen
Know-How wurde anfangs nur für einzelne
Details in Anspruch genommen, doch für das
ausgehende Jahrtausend sollte die gemeinsa-
me Arbeit intensiviert werden.

Baureihe:	FXST
Modell:	FXST-S
Bauzeit:	seit 1993
Motor:	V2-Zylinder
Ventile:	ohv
Hubraum (cm³)	1338 (bis 1998)
B x H:	88,8 x 108 mm
Leistung/1/min:	35 kW (48 PS)/4900 (1995)
Vergaser:	Keihin
Anzahl Gänge:	5
Sekundärantrieb:	Riemen
Bremsen:	v./h. Scheiben
Vmax.	145 km/h
Zulässiges GG:	492 kg
Reifen:	v./h. MH90-21/130/90HB16
Neupreis:	DM 30.600,- (1994)
Anmerkungen:	Softail-Schwingenrahmen Typ II, im Bild Springer Softail 1995

Serien
FXST/FLST

Technisch eng verwandt mit den anderen Softail-Modellen ließ Harley-Davidson auch diesem Modell über die Jahre mehrere Pflegemaßnahmen angedeihen. Doch ebenso blieben die Preiserhöhungen in einem moderaten Rahmen. Die erste 1990er-Maschine kostete in der Grundversion DM 26.950,- um beim 99er-Modell auf DM 32.600,- zu klettern. Auch das ist sicher eine Folge der steigenden Verkaufszahlen.

Bis zum Modelljahr 2000 musste die Softail-Serie mit dem bisherigen Evolution-Motor mit 1340 cm³ Hubraum auskommen, die neue Twin-Cam-Motorengeneration 99B kam ab 2001 zum Einsatz.

Baureihe:	FXST
Modell:	FLST-F
Bauzeit:	ab 1993
Motor:	V2-Zylinder
Ventile:	ohv
Hubraum (cm³)	1338 (effektiv) (bis 1999)
	1449 (effektiv) (ab 2000)
B x H:	88,8 x 108,0 mm (bis 1999)
	95,3 x 101,6 mm (ab 2000)
Leistung/1/min:	41 kW (56 PS)/5000 bis 1999
	46 kW (63 PS)/5200 ab 2000
Vergaser:	Keihin
Anzahl Gänge:	5
Sekundärantrieb:	Riemen
Bremsen:	v./h. Scheiben
Vmax.	155 km/h (170 km/h ab 2000)
Zulässiges GG:	492 kg (526 kg ab 2001)
Reifen:	v./h. MT90B16/MT90B16
Neupreis:	DM 30.590,- (1994 FLST-F)
Anmerkungen:	Softail-Schwingenrahmen Typ II; für BRD auch mit 34 PS lieferbar; im Bild Modell von 1995

Serien FXST/FLST

Es vergeht kaum ein Jahr, in dem nicht mindestens ein neues Modell in fast jeder Serie dazukommt oder ein bisheriges ersetzt. So auch bei den Softail-Modellen. Für 1995 überraschte HD mit einer weiteren Version in Form der »Bad Boy«, die zu der FXST-Reihe gehört (und daher nichts mit der »Fat Boy« aus der FLST-Reihe zu tun hat). Das »B« aus dem Modell-Kürzel bedeutet denn auch eben »Bad Boy«, das zweite »S« steht für eine Maschine mit der »Springer-Gabel«, welche hier nun wiederum schwarz lackiert ist, geradeso wie es bei der alten großen Harley bis 1948 der Fall war. Erstmals verwendete HD hier durchgängig durchbohrte Bremsscheiben. Eine unterbrochen gelochte hintere Bremsscheibe gab es bisher nur beim ersten Softail-Modell von 1984 bis 1985; vorn gab es das serienmäßig schon seit 1984.

Baureihe:	FXST
Modell:	FXST-SB Bad Boy
Bauzeit:	1995 bis 1998
Motor:	V2-Zylinder
Ventile:	ohv
Hubraum (cm³)	1338
B x H:	88,8 x 108 mm
Leistung/1/min:	41 kW (56 PS)/5000
Vergaser:	Keihin
Anzahl Gänge:	5
Sekundärantrieb:	Riemen
Bremsen:	v./h. Scheiben
Vmax.	155 km/h
Zulässiges GG:	492 kg
Reifen:	v./h. MH90-21/MT90B16
Neupreis:	DM 31.160,- (1997)
Anmerkungen:	Softail-Schwingenrahmen Typ II; Bild zeigt Mj 1996

Serien FXST/FLST

Die Nachfolgerin der Heritage Softail Classic gibt es noch heute; im Bild ein 1996er-Modell. Alle Softail-Rahmen seit 1984 sind für ein zulässiges Gesamtgewicht von 492 kg zugelassen. Diese etwas ungewohnte Zahl ergibt sich durch die Umrechnung der amerikanischen Pfund-Angaben. Die Keihin-Vergaser verwendet Harley auch schon seit über 20 Jahren, noch ist man in der Lage, die Abgasgrenzwerte zu schaffen. Nur eine weitere Verschärfung auf den wichtigsten Exportmärkten wird daran etwas ändern können. An Indizien fehlt es nicht, in der Schweiz und in Kalifornien sind seit dem Modelljahr 1995 Katalysatorversionen im Angebot.

Baureihe:	FXST
Modell:	FLST-C
Bauzeit:	seit 1993
Motor:	V2-Zylinder
Ventile:	ohv
Hubraum (cm³)	1338
B x H:	88,8 x 108 mm
Leistung/1/min:	41 kW (56 PS)/5000
Vergaser:	Keihin
Anzahl Gänge	5
Sekundärantrieb:	Riemen
Bremsen:	v./h. Scheiben
Vmax.	155 km/h
Zulässiges GG:	492 kg
Reifen:	v./h. MT90B16/MT90B16
Neupreis:	DM 31.970,- (1997)
Anmerkungen:	Softail-Schwingenrahmen Typ II; im Bild Heritage Softail Classic 1996

Serien FXST/FLST

Zusätzlich zu den zwei bereits existierenden »Springer«-Modellen gesellte sich für 1997 noch ein weiteres dazu. Erstmals aus der FLST-Serie stammend, hatte man in den HD-Büros die hier wiederum verchromte »Springer-Gabel« mit dem wuchtigen 16-Zoll-Vorderrad kombiniert und die neue Maschine damit in die Reihe der Heritages gestellt. Anfangs für DM 34.950,- zu haben, kostet sie heute DM 36.450,-. Sie wurde im ersten Jahr ausschließlich in Weiß ausgeliefert, 1998 gab es sie nur in Schwarz und Rot. Zuweilen kann man die einzelnen Modelle also bereits an den Farben einem bestimmten Modelljahr zuordnen.

Baureihe:	FXST
Modell:	FLST-S
Bauzeit:	seit 1997
Motor:	V2-Zylinder
Ventile:	ohv
Hubraum (cm³)	1338
B x H:	88,8 x 108 mm
Leistung/1/min:	41 kW (56 PS)/5000
Vergaser:	Keihin
Anzahl Gänge:	5
Sekundärantrieb:	Riemen
Bremsen:	v./h. Scheiben
Vmax.	155 km/h
Zulässiges GG:	492 kg
Reifen:	v./h. MT90B16/MT90B16
Neupreis:	DM 34.950,- (1997)
Anmerkungen:	Softail-Schwingenrahmen Typ II; im Bild Heritage Springer, 1997

Serien FXST/FLST

Die Softail Custom wurde zum Ende des Modelljahres 1998 aus der Produktion genommen, aber verstanden haben das die Fans sicher nicht. Sie war und ist ein beliebtes Modell und es muss sich erst noch zeigen, ob die Nachfolgerin als »Softail Standard« einer »Custom« das Wasser reichen kann. Motorseitig identisch mit den anderen Softails, überstieg ihr Einstandspreis nur im letzten Jahr die DM 30.000-Marke.

Baureihe:	FXST
Modell:	FXST-C
Bauzeit:	1993 bis 1998
Motor:	V2-Zylinder
Ventile:	ohv
Hubraum (cm³)	1338
B x H:	88,8 x 108 mm
Leistung/1/min:	41 kW (56 PS)/5000
Vergaser:	Keihin
Anzahl Gänge:	5
Sekundärantrieb:	Riemen
Bremsen:	v./h. Scheiben
Vmax.:	155 km/h
Zulässiges GG:	492 kg
Reifen:	v./h. MH90-21/MT90B16
Neupreis:	DM 30.590,- (1998)
Anmerkungen:	Softail-Schwingenrahmen Typ II; im Bild Softail Custom, 1998.

Serien FXST/FLST

Ebenso wie die Electra Glide Standard gab es ab 1999 auch eine Softail Standard. Sie sollte die Nachfolge des überaus beliebten Modells Softail Custom antreten. Es ist schwer verständlich, wieso eine »Standard«-Version eine schon vom Begriff her luxuriösere »Custom«-Version ersetzen soll. Preislich war sie immerhin etwa DM 4.000,- unterhalb dem bisherigen Modell angesiedelt. Zum Modelljahr 2000 erschien die als Topmodell ausersehene FXST-D, die erste Harley mit 17-Zoll-Hinterrad. Die neue Deuce hatte wie alle neuen 2000er-Softails den nochmals verfeinerten 88CID-Twin-Cam-Motor 88-B, der ausschließlich für die Softails zur noch besseren Schwingungs-dämpfung mit zwei Ausgleichswellen versehen

Baureihe:	FXST
Modell:	FXST Soff. Standard
Bauzeit:	seit 1999
Motor:	V2-Zylinder
Ventile:	ohv
Hubraum (cm³)	1338
B x H:	88,8 x 108 mm
Leistung/1/min:	41 kW (56 PS)/5000
Vergaser:	Keihin
Anzahl Gänge:	5
Sekundärantrieb:	Riemen
Bremsen:	v./h. Scheiben
Vmax.	155 km/h
Zulässiges GG:	492 kg
Reifen:	v./h. MH90-21/MT90B16
Neupreis:	DM 26.900,- (1999)
Anmerkungen:	Softail-Schwingenrahmen Typ II

wurde. Für 2001 wurde der 88-B-Twin mit Ein-spritzanlage versehen

Serien FXST/FLST

Die neueste Kreation, zusammen mit der FXST, stellt die aus der FXST-SB (»Bad Boy«) weiterentwickelte Version »Night Train« (also »Nachtzug«) mit dem Kürzel FXST-B dar. Bis auf wenige Motor- und Anbauteile sowie die Auspuffanlage ist alles in tiefem Schwarz gehalten. Die Bremsanlage hat sie nicht von der Bad Boy geerbt, ebensowenig die Springer-Gabel. So erscheint die »Neue« technisch als recht konventionelle Harley, der krasse Gegensatz zwischen modernster HD-Bremsentechnik und altertümlicher Gabel wurde zugunsten einer ausgewogeneren Erscheinung aufgegeben.

Baureihe:	FXST
Modell:	FXST-B Night Train
Bauzeit:	seit 1999
Motor:	V2-Zylinder
Ventile:	ohv
Hubraum (cm³)	1338
B x H:	88,8 x 108 mm
Leistung/1/min:	41 kW (56 PS)/5000
Vergaser:	Keihin
Anzahl Gänge:	5
Sekundärantrieb:	Riemen
Bremsen:	v./h. Scheiben
Vmax.	1xx km/h
Zulässiges GG:	492 kg
Reifen:	v./h. MH90-21/MT90B16
Neupreis:	DM 29.200,- (1999)
Anmerkungen:	Softail-Schwingenrahmen Typ II

Serien XL

Als Nachfolgemodell der glücklosen K-Serie stellte Harley-Davidson zum Modelljahr 1957 eine völlig überarbeitete Baureihe vor, die zwar optisch noch recht stark mit dieser verwandt war, aber technisch einiges mehr zu bieten hatte. Aus diesem Grund bekam die neue Reihe auch gleich ein neues Kürzel. Sie wurde schlicht Serie »XL« genannt. Da der Buchstabe »X« bereits für ein kurzlebiges Militärmodell 1942 bis 1943 benutzt worden war, fügte man einfach das »L« dazu, welches bis dato bei HD immer auf eine höher verdichtete Variante hinwies. Mit einer Verdichtung von 7,5 bzw. 9,0:1 hatte man sich in bisher nicht erreichte Höhen begeben. Die Grundversion »XL« wurde nur zwischen 1957 und 1959 angeboten. Daneben existierte im Modelljahr 1958 noch eine Wettbewerbsvariante mit dem Kürzel »XLC«. Beide hatten die niedrigere Verdichtung, die Straßenversion kam auf 42 PS.

Baureihe:	XL
Modell:	XL/XLH Sportster
Bauzeit:	1957 bis 1959
Motor:	V2-Zylinder
Ventile:	ohv
Hubraum (cm³)	883
B x H:	76,2 x 96,8 mm
Leistung/1/min:	XL: 31 kW (42 PS)/5500
	XLH:40 kW (55 PS)/6300
Vergaser:	Linkert
Anzahl Gänge:	4
Sekundärantrieb:	Kette
Bremsen:	v./h. Trommel
Vmax.	162 km/h/XLH: 170 km/h
Zulässiges GG:	410 kg
Reifen:	v./h. 3.50S18/3.50S18
Neupreis:	$ 1103,- (1957 XL)
Anmerkungen:	Schwingenrahmen Typ I;
	Modell Sportster XL (Bild)
	gebaut 1957-1959; Sportster
	XLH 1958-1959.

Serien XL

Bereits ein Jahr nach der XL erschienen die Versionen XLC, XLH und XLCHt. Von den vier Modellen sollten nach 1959 nur die XLH- und XLCH-Modelle übrig bleiben. Beide besaßen die ohv-Maschine mit 55 PS. Die XLC hatte dagegen den schwächeren Motor, obwohl es sich, wie bei der XLCH, um eine Wettbewerbsmaschine handelte. Wer wollte, konnte übrigens diese Modelle auch mit einem ungedämpften Auspuffsystem bestellen.
Einige Testberichte bescheinigten der XLCH eine Spitze von knapp 200 km/h, die XLC sollte so um die 170 km/h geschafft haben: Die Angaben zur Höchstgeschwindigkeit stammen wohl aus Werksunterlagen und dürften kaum der Realität entsprochen haben.

Baureihe:	XL
Modell:	XLC/XLCH Sportster
Bauzeit:	1958 (XLC),1958 bis 1960 (XLCH)
Motor:	V2-Zylinder
Ventile:	ohv
Hubraum (cm³)	883
B x H:	B76,2 x 96,8 mm
Leistung/1/min:	XLC: 31 kW (42 PS)/5500 XLCH:40 kW (55 PS)/6300
Vergaser:	Linkert
Anzahl Gänge:	4
Sekundärantrieb:	Kette
Bremsen:	v./h. Trommel
Vmax.	XLC: 170 km/h XLCH: 200 km/h
Zulässiges GG:	410 kg
Reifen:	v. 3.25V19/3.50V19 h. 4.00V18
Neupreis:	$ n.a.
Anmerkungen:	Schwingenrahmen Typ I; Bild zeigt Sportster XLCH, 1960.

SPORTSTER XLCH

Serien XL

Die nach der Modellbereinigung noch ver-
bliebenen beiden Angebote unterschieden
sich nun motorseitig nicht mehr voneinander.
Alle hatten den 55 PS-Motor unter dem Tank.
Von Anfang an hatten alle X-Modelle den von
der zweiten K-Serie übernommenen schmalen
Schwingen-Rahmen, wodurch vergleichsweise
wendige Fahrzeuge entstanden. Dieser Rahmen wurde bis zum Modelljahr 1972 beibe-
halten und erst dann durch einen weiterent-
wickelten Rahmen (Typ II) ersetzt. Die »XLCH«
hatte im Gegensatz zur »XLH« vorn 19-Zoll-
Räder, die »XLH« vorn und hinten die gleichen
18-Zöller. Die XL konnte den immer stärker
werdenden englischen Big-Bikes Ende der
50er-Jahre erstmals wieder Paroli bieten,
das galt ganz besonders für die XLH. Die
Verkaufspreise entwickelten sich von rund
1.100 US-Dollar für die 1957er Standard-XL
bis zu 1.411 Dollar für die 66er XLCH.

Baureihe:	XL
Modell:	XLH/XLCH Sportster
Bauzeit:	1960 bis 1966 (XLH);
	1961 bis 1966 (XLCH)
Motor:	V2-Zylinder
Ventile:	ohv
Hubraum (cm³)	883
B x H:	76,2 x 96,8 mm
Leistung/1/min:	40 kW (55 PS)/6300
Vergaser:	Linkert (ab 1966 Tillotson)
Anzahl Gänge:	4
Sekundärantrieb:	Kette
Bremsen:	v./h. Trommel
Vmax.	170 km/h/XLCH: 196 km/h
Zulässiges GG:	410 kg
Reifen:	XLH: v./h.3.50S18/3.50S18
	XLCH: v./h. 3.25V19/3.50V19/
	4.00V18
Neupreis:	$ 1.250,-/1.335,-
	(1961 XLH/XLCH)
Anmerkungen:	Schwingenrahmen Typ I.
	Im Bild eine XLH von 1961

Serien XL

Nachdem die großen Harleys bereits 1965 in den Genuss von 12-Volt-Anlage und elektrischem Starter gekommen waren, wurden 1967/1968 auch die XLH-Modelle damit ausgerüstet. Die XLCH (das »CH« stand für »Competition Hot«, also »heiße Wettbewerbsversion«) war immer noch als Einsitzer konzipiert und hatte nur einen Kickstarter. Bereits für 1966/67 hatten die Tillotson-Vergaser Eingang in die Serie gefunden, welche aber nur bis zum Ende der 883-Motoren-Serie 1971 Dienst tun sollten. Zwischenzeitlich war die Leistung auf 58 PS angestiegen, und selbst die schwerere XLH kam damit auf weit über 170 km/h.

Baureihe:	XL
Modell:	XLH/XLCH Sportster
Bauzeit:	1967 bis 1969
Motor:	V2-Zylinder
Ventile:	ohv
Hubraum (cm³)	883
B x H:	76,2 x 96,8 mm
Leistung/1/min:	43 kW (58 PS)/6800
Vergaser:	Tillotson
Anzahl Gänge:	4
Sekundärantrieb:	Kette
Bremsen:	v./h. Trommel
Vmax.	175 km/h/XLCH: 200 km/h
Zulässiges GG:	420 kg
Reifen:	XLH v./h. 3.50S18/4.00S18
	XLCH v./h.3.50H19/4.00H19
Neupreis:	$ 1.650,-/1.600,-
	(1968 XLH/XLCH)
Anmerkungen:	Schwingenrahmen Typ I,
	im Bild Mj 1968

HARLEY-DAVIDSON SPORTSTERS

Serien XL

Dieselben Änderungen, wie sie für die XLCH aufgeführt sind, gelten natürlich auch für das Grundmodell XLH. Immer noch besaß nur die XLH eine Elektrostartanlage, welche der XLCH vorenthalten blieb. Die Leistung von 57 PS reichte für eine Endgeschwindigkeit von knapp über 160 km/h. Alle XL-Modelle wurden ab dem Modelljahr 1978 mit einem neuen Rahmen (Typ III) ausgerüstet, der von der ein Jahr vorher eingeführten XLCR stammte.

Baureihe:	XL
Modell:	XLH-1000
Bauzeit:	1972 bis 1977
Motor:	V2-Zylinder
Ventile:	ohv
Hubraum (cm³)	997
B x H:	81 x 96,8 mm
Leistung/1/min:	42 kW (57 PS)/6000
Vergaser:	Bendix-Zenith, ab Mitte 76 Keihin
Anzahl Gänge:	4
Sekundärantrieb:	Kette
Bremsen:	v. Scheibe, hi. Trommel
Vmax.	162 km/h
Zulässiges GG:	420 kg
Reifen:	v./h MM90S19/4.25S18
Neupreis:	DM 10.698,- (1977 XLH)
Anmerkungen:	Schwingenrahmen Typ I (1972); ab 1973 Schwingen- rahmen Typ II. Bild: Sportster XLH, Mj 1975.

Serien XL

Mit dem Modelljahr 1977 wurde die Zwei-Modell-Strategie in der XL-Serie endgültig aufgegeben. Zum bisherigen Angebot gesellte sich die neue XLT, wobei »T« für Touring steht. Noch vor dem Erscheinen der großen Tour Glide im Jahre 1980 wollte man für weniger gut betuchte Käuferschichten ein Tourenmodell schaffen, das aber nur zwei Modelljahre lang offeriert wurde. Zur Ausstattung gehörten ein großes Windschild und Kunststoff-Packtaschen, wie sie auch die FLH-Modelle in breiterer Form besaßen. Ab 1978 wurden auch hinten bei allen XL die ungelochten Bremsscheiben eingeführt. Auf Wunsch waren ab Werk verschiedene Auspuffanlagen erhältlich, die 2-in-1- oder auch 2-in-2-Anlagen umfaßten. Als besondere Anlage konnten die sogenannten »siamesischen« Auspuffrohre bestellt werden, die kurz nach dem Austritt aus dem Zylinder zusammengeführt wurden.

Baureihe:	XL
Modell:	XLT Sportster
Bauzeit:	1977 bis 1978
Motor:	V2-Zylinder
Ventile:	ohv
Hubraum (cm³)	997
B x H:	81 x 96,8 mm
Leistung/1/min:	42 kW (57 PS)/6000
Vergaser:	Keihin
Anzahl Gänge:	4
Sekundärantrieb:	Kette
Bremsen:	v. Scheibe, hi. Trommel
Vmax.	162 km/h
Zulässiges GG:	420 kg
Reifen:	v./h. 3.75S19/4.25S18
Neupreis:	n.a.
Anmerkungen:	Schwingenrahmen Typ II (1977, Bild); Schwingenrahmen Typ III (1978)

Serien XL

Hier gut zu sehen ist die charakteristische »siamesische« Auspuffanlage der Sportster der späten 70er-Jahre. Nachdem die XLCR und die FXS die Doppelscheibenbremse vorn erfolgreich eingeführt hatten, kamen ab 1978 alle Modelle in den Genuss dieser Bauweise. Die ebenfalls 1977 bei den genannten Modellen zum ersten Mal angebotenen Leichtmetall-Gussräder waren nun auch bei den übrigen Fahrzeugen serienmäßig geworden. Die bisherigen Drahtspeichenräder konnten gegen Aufpreis immer noch bestellt werden. Der 1977 noch oval gehaltene Luftfilterkasten wich für 1978 einem fast rechteckig gestalteten Kasten.

Baureihe:	XL
Modell:	XLH Sportster
Bauzeit:	1978 bis 1980
Motor:	V2-Zylinder
Ventile:	ohv
Hubraum (cm³)	997
B x H:	81 x 96,8 mm
Leistung/1/min:	44 kW (60 PS)/6200
Vergaser:	Keihin
Anzahl Gänge:	4
Sekundärantrieb:	Kette
Bremsen:	v./h. Scheiben
Vmax.	160 km/h
Zulässiges GG:	420 kg
Reifen:	v./h. MJ90S19/MN90S18
Neupreis:	DM 10.950,- (1978)
Anmerkungen:	Schwingenrahmen Typ III, im Bild Modell 1978

Serien XL

Als weiteres neues Modell gab es ab 1979 die Roadster-Version der Sporty zu kaufen. Mit dem Modellkürzel XLS versehen, sollte sie deren Sportlichkeit unterstreichen. Um etwa DM 600,- teurer als die Standard-XLH, war sie mit einem 16-Zoll-Hinterrad, längere Gabel und »Drag-Bar-Lenker« bestückt. Damit war sie so ausgerüstet wie die FXRS »Low Rider«. Anfänglich mit vollen 60 PS Leistung, fiel diese bis 1982 auf 57 PS, 1983 gar auf 50 PS. Für das Modelljahr 1982 stellte HD einen wiederum neuen Rahmen (Typ IV) vor, der von nun an nur noch in Kleinigkeiten verändert werden sollte. Ab 1984 kam anstatt der vorderen Doppelscheibenbremsanlage nur noch eine solche mit einfacher, jedoch gelochter Scheibe zum Einsatz.

Baureihe:	XL
Modell:	XLS Roadster
Bauzeit:	1979 bis 1985
Motor:	V2-Zylinder
Ventile:	ohv
Hubraum (cm³)	997
B x H:	81 x 96,8 mm
Leistung/1/min:	44 kW (60 PS)/6200
Vergaser:	Keihin
Anzahl Gänge:	4
Sekundärantrieb:	Kette
Bremsen:	v./h. Scheiben
Vmax.	160 km/h
Zulässiges GG:	420 kg
Reifen:	v./h. MJ90-19/MT90-16
Neupreis:	DM 14.320,- (1983 XLS)
Anmerkungen:	Schwingenrahmen Typ III (bis 1981), danach Typ IV. Bild: Modell 1979

Serien XL

Für die letzten drei Shovelhead-Modelljahre (1983 bis 1985) stellte HD noch eine weitere Neuheit vor, das schlicht XLX-61 genannte Sparmodell. Preislich einige Hunderter unterhalb des bisherigen Grundmodells angesiedelt, konnte es sich aber nur kurz halten. Die Austattung war einfach zu dürftig, nur mit einem Sitzplatz versehen und ohne Drehzahlmesser entsprach sie nicht den Erwartungen der Kundschaft. Technisch war die XLX mit den anderen X-Modellen identisch.

Baureihe:	XL
Modell:	XLX-61
Bauzeit:	1983 bis 1985
Motor:	V2-Zylinder
Ventile:	ohv
Hubraum (cm³)	997
B x H:	81 x 96,8 mm
Leistung/1/min:	37 kW (50 PS)/6000
Vergaser:	Keihin
Anzahl Gänge:	4
Sekundärantrieb:	Kette
Bremsen:	v./h. Scheiben
Vmax.	162 km/h
Zulässiges GG:	420 kg
Reifen:	v./h MJ90S19/MT90S16
Neupreis:	DM 12.145,- (1984)
Anmerkungen:	Schwingenrahmen Typ IV, Bild zeigt Mj 1983

E NEW XLX-61.

Serien XL

1983 brachte Harley-Davidson eine richtige
Rennsport-Maschine heraus, welche sich
technisch und optisch stark von den
schwächeren Schwestern abhob. Ihr Kürzel:
XR-1000. Mit 67 PS war sie dank zweier
italienischer Dell´Orto-Vergaser deutlich
schneller als die anderen Serienmodelle und
besaß erstmals Reifen in metrischer Größen-
angabe. Diese Vergaser wurden übrigens bei
keiner anderen Serien-Harley verbaut. Eine
weitere Besonderheit waren die beiden links
angebrachten, nach hinten hochgezogenen
Auspuffschalldämpfer. Sie kostete DM 4.000,-
mehr als die anderen Sportys, was wohl auch
dazu führte, dass die XR nach nur zwei Jahren
wieder aus dem Programm fiel. Insgesamt
wurden genau 1.777 Stück hergestellt.

Baureihe:	XR
Modell:	XR-1000
Bauzeit:	1983 bis 1984
Motor:	V2-Zylinder
Ventile:	ohv
Hubraum (cm³)	997
B x H:	81 x 96,8 mm
Leistung/1/min:	49 kW (67 PS)/5600
Vergaser:	2 x Dell´Orto
Anzahl Gänge:	4
Sekundärantrieb:	Kette
Bremsen:	v./h. Scheiben
Vmax.	185 km/h
Zulässiges GG:	420 kg
Reifen:	v./h. 100/90V19/130/90V16
Neupreis:	DM 18.060,- (1984)
Anmerkungen:	Schwingenrahmen Typ IV

XR-1000

Serien XL

Das Jahr 1986 stellt einen wichtigen Meilenstein in der Entwicklung der Sportster-Modelle
dar. Endlich mit dem langersehnten Evolution-
Motor ausgerüstet, war die gesamte Modellpalette wieder auf einen einheitlichen Motortyp
festgelegt. Die Sportster-Modelle unterschieden
sich in allen Jahren von den größeren Fahrzeugen durch das direkt mit dem Motor ver-
blockte Getriebe, während die anderen Fahrzeuge eine getrennte Bauweise hatten.
In zwei Motorgrößen angeboten, nämlich
883 cm³ und 1100 cm³, war die Modellpalette auf nur noch ein einziges Modell, die
XLH, zusammengeschrumpft.
Die größere der beiden Versionen ist hier gezeigt. Mit genau 55 PS entspricht sie in der
Leistung der Ur-XLH von 1958. Sie wurde
bereits 1988 ersetzt.

Baureihe:	XL
Modell:	XLH-1100 Sportster
Bauzeit:	1986 bis 1987
Motor:	V2-Zylinder
Ventile:	ohv
Hubraum (cm³)	1093
B x H:	85,1 x 96,8 mm
Leistung/1/min:	40 kW (55 PS)/6000
Vergaser:	Keihin
Anzahl Gänge:	Kette
Sekundärantrieb:	v./h. Scheiben
Bremsen:	155 km/h
Vmax.	420 kg
Zulässiges GG:	v./h. MJ90S19/MT90S16
Reifen:	DM 16.245,- (1986 XLH
Neupreis:	1100)
Anmerkungen:	Schwingenrahmen Typ IV, Bild Mj 1986

SPORTSTER® 1100
XLH

Serien XL

Die kleinere Variante mit dem wieder auf 883 cm³ verringerten Hubraum stellte ab 1986 die »Einstiegsdroge« für Harley-Fans dar. Schon von Anfang an wurde die kleinere Sporty in zwei Ausstattungen angeboten, der Standard und der sogenannten »Upgrade«-Version. Nach zwei Jahren machte man daraus ein eigenständiges Modell und nannte es »Deluxe«. Gegenüber der Standard besaß die Deluxe eine Doppelsitzbank, Drahtspeichenräder und einen anderen Lenker sowie einen Drehzahlmesser. Für 1991 wurden die kleinen Sportster auf das Fünfganggetriebe umgestellt und ab 1992 kam die Deluxe in den Genuss des Sekundär-Riemenantriebs. Im Jahr darauf erhielt auch die Grundversion den Riemen.

Baureihe:	XL
Modell:	XLH Sportster 883
Bauzeit:	1986 bis 1995
Motor:	V2-Zylinder
Ventile:	ohv
Hubraum (cm³)	883
B x H:	76,2 x 96,8 mm
Leistung/1/min:	35 kW (48 PS)/6000 (1988)
Vergaser:	Keihin
Anzahl Gänge:	4
Sekundärantrieb:	Kette (Riemen ab 1992 für Del., ab 1993 für alle)
Bremsen:	v./h. Scheiben
Vmax.	145 km/h
Zulässiges GG:	420 kg
Reifen:	v./h. MJ90-19/MT90-16
Neupreis:	DM 11.550,-/12.075,- (1988 Standard/Deluxe)
Anmerkungen:	Schwingenrahmen Typ IV. Im Bild 883 Deluxe, 1988.

Serien XL

Als Ersatz für die 1100er-Sportster kam, ebenfalls zum Modelljahr 1988, die noch größere und stärkere 1200er-Sporty auf dem Markt. Mit nunmehr 64 PS war sie endlich wieder über 160 km/h schnell und stach damit fast jede andere Harley aus. Auch sie war ab 1991 mit dem neuen Fünfganggetriebe und dem Sekundär-Riemen ausgerüstet. Die neue Hubraumstufe entsprach derjenigen des ersten F-Modells, das ab 1941 gebaut und in seiner Weiterentwicklung noch bis 1980 hergestellt wurde. Doch die Maße für Bohrung und Hub waren verschieden, so dass de facto ein neuer Motor entstand. Der Preis der 1200er stieg von DM 14.885.- im Jahre 1988 auf DM 17.650,- für 1994, wobei im Jahr 1988 4.752 Exemplare Käufer fanden.

Baureihe:	XL
Modell:	XLH-1200 Sportster
Bauzeit:	1988 bis 1994
Motor:	V2-Zylinder
Ventile:	ohv
Hubraum (cm³)	1199
B x H:	88,8 x 96,8 mm
Leistung/1/min:	47 kW (64 PS)/5600 (1989)
Vergaser:	Keihin
Anzahl Gänge:	4 (5 ab 1991)
Sekundärantrieb:	Kette (Riemen ab 1991)
Bremsen:	v./h. Scheiben
Vmax.	165 km/h
Zulässiges GG:	420 kg
Reifen:	v. MJ90S19/MT90S16
Neupreis:	DM 15.215,- (1988)
Anmerkungen:	Schwingenrahmen Typ IV; im Bild Mj 1989

Serien XL

Die Hugger-Ausführung wurde zeitgleich mit der neuen Deluxe-Variante in der kleinen Sportster-Baureihe vorgestellt. Wie das Basismodell besaß sie auch nur einen Einzelsitz und die billigeren, wenngleich nicht schlechter aussehenden Gussspeichenräder. Sie verkaufte sich auf Anhieb gut. Gegenüber dem Vorjahr wuchsen die Verkaufszahlen der gesamten Sporty-Modellreihe um gut 10 % auf 15.500 Fahrzeuge. In leicht veränderter Form ist die Hugger auch heute noch im Angebot.
Mit einem Einstandspreis von DM 12.060,- war sie etwa preisgleich mit der Deluxe, die immerhin Platz für zwei bot.

Baureihe:	XL
Modell:	XLH 883 Hugger
Bauzeit:	1988 bis 1992
Motor:	V2-Zylinder
Ventile:	ohv
Hubraum (cm³):	883
B x H:	76,2 x 96,8 mm
Leistung/1/min:	36 kW (49 PS)/6000 (1990)
Vergaser:	Keihin
Anzahl Gänge:	4 (5 ab 1991)
Sekundärantrieb:	Kette
Bremsen:	v./h. Scheiben
Vmax.	150 km/h
Zulässiges GG:	420 kg
Reifen:	v./h. MJ90S19/MT90S16
Neupreis:	DM 12.060,- (1988)
Anmerkungen:	Schwingenrahmen Typ IV; Bild zeigt Mj 1990

Serien XL

Soweit es die Leistung betraf, blieben die 883er-Sportster über die Jahre nahezu gleich. Sie schwankten zwischen 46 und 49 PS (ab 1995 bis heute). Die Endgeschwindigkeit stieg durch eine geänderte Übersetzung von 145 auf 155 km/h (ebenfalls ab 1995 bis heute). Dank Fünfganggetriebe und Zahnriemen ließ es sich schon mit der Standardversion recht gutes leben; die Hugger hatte eine bessere Ausstattung und kostete in allen Modelljahren etwa DM 300,- bis 400,- mehr. Für 1995 waren wiederum Rahmenänderungen angesagt, die sich jedoch ausschließlich auf das Heckteil bezogen. Nachdem ab 1996 die Deluxe-Variante in der Versenkung verschwunden waren, musste, wer zu zweit Sporty fahren wollte, sich für die 1200er entscheiden.

Baureihe:	XL
Modell:	XLH-883 Hugger
Bauzeit:	seit 1993
Motor:	V2-Zylinder
Ventile:	ohv
Hubraum (cm³)	883
B x H:	76,2 x 96,8 mm
Leistung/1/min:	34 kW (46 PS)/6000 (1994)
Vergaser:	Keihin
Anzahl Gänge:	5
Sekundärantrieb:	Riemen
Bremsen:	v./h. Scheiben
Vmax.	145 km/h
Zulässiges GG:	420 kg (430 kg ab 1995)
Reifen:	v./h. 100/90S19/130/90S16
Neupreis:	DM 15.250,- (1994)
Anmerkungen:	Schwingenrahmen Typ IV bis 1994 (Bild), danach Schwingenrahmen Typ V.

Serien XL

Nach der Ausdünnung des 883er-Sportster-Angebots rüstete Harley-Davidson dafür die größere Sporty-Serie auf. Zusätzlich zum bisherigen zweisitzigen 1200er-Basis-Modell gab es ab 1996 die neue 1200 C (»Custom«) und die 1200 S (»Sport«). Mit knapp 60 PS war sie gut 160 km/h schnell und entsprechend wendig. Das Custom-Modell brachte erstmalig das hintere Gusscheibenrad in die Sportster-Baureihe, das im Jahre 1983/84 bei den ersten Sondermodellen (Disc Glide) der großen Harleys seinen Einstand feierte. Zusammen mit einem geänderten Tank und einen dezenten Tieferlegung hatte sie wie alle anderen 96er-Harleys neue Armaturen bekommen. Das Hinterrad-Design war neu und exklusiv hier zu finden.

Baureihe:	XL
Modell:	XLH-1200-C
Bauzeit:	seit 1996
Motor:	V2-Zylinder
Ventile:	ohv
Hubraum (cm³)	1199
B x H:	88,8 x 96,8 mm
Leistung/1/min:	43 kW (58 PS)/5200
Vergaser:	Keihin
Anzahl Gänge:	5
Sekundärantrieb:	Riemen
Bremsen:	v./h. Scheiben
Vmax.	160 km/h
Zulässiges GG:	430 kg
Reifen:	v./h. MH90-21/MT90B16
Neupreis:	DM 18.950,- (1997)
Anmerkungen:	Schwingenrahmen Typ V; Bild zeigt Sportster 1200 Custom, 1996.

Serien XL

Das Schwestermodell zur Custom hieß XL-1200S Sportster 1200 Sport und verfügte über deren Zweischeiben-Bremsanlage mit gelochten Scheiben bestückt war. Außerdem waren diese schwimmend gelagert, was ebenfalls ein Novum bei Harley-Davidson darstellte. Eine weitere Neuheit waren die einstellbaren hinteren Federbeine. Die »Sport« ist heute um etwa 300 Mark teurer als die »Custom«, wobei beide zweisitzig sind und dieselbe Auspuffanlage besitzen.

Baureihe:	XL
Modell:	XLH-1200-S
Bauzeit:	seit 1996
Motor:	V2-Zylinder
Ventile:	ohv
Hubraum (cm³)	1199
B x H:	88,8 x 96,8 mm
Leistung/1/min:	43 kW (58 PS)/5200
Vergaser:	Keihin
Anzahl Gänge:	5
Sekundärantrieb:	Riemen
Bremsen:	v./h. Scheiben
Vmax.	160 km/h
Zulässiges GG:	430 kg
Reifen:	v./h. 100/90V19/130/90V16
Neupreis:	DM 17.950,- (1997)
Anmerkungen:	Schwingenrahmen Typ V. Im Bild: Sportster 1200 Sport, 1997

Serien XL

Für das Jahr 1998 wurde die kleinere Sportster-Reihe durch eine völlig neue Variante aktualisiert, die XL 53 C Custom 53. Endlich war wieder eine zweisitzige 883er-Sporty lieferbar, die darüber hinaus noch mit einem 21-Zoll-Vorderrad bestückt war. Weitere »Goodies« umfassten das erstmals in der kleinsten Harley-Klasse angebotene Vollscheiben-Gussrad hinten und den großzügig verteilten Chromschmuck. Die erdsten US-Modelle hatten vorn die Scheiben der 1200er-Custom und -Sport-Modelle, während die in Deutschland angebotene Version die Scheibe der anderen kleinen Harleys besaß. Motortechnisch wich die 53C nicht von den restlichen 883ern ab.

Baureihe:	XL
Modell:	XL 53 C Sportster
Bauzeit:	seit 1998
Motor:	V2-Zylinder
Ventile:	ohv
Hubraum (cm³)	883
B x H:	76,2 x 96,8 mm
Leistung/1/min:	36 kW (49 PS)/6000
Vergaser:	Keihin
Anzahl Gänge:	5
Sekundärantrieb:	Riemen
Bremsen:	v./h. Scheiben
Vmax:	155 km/h
Zulässiges GG:	430 kg
Reifen:	v./h. MH90-21/MT90B16
Neupreis:	DM 14.200- (1999)
Anmerkungen:	Schwingenrahmen Typ V. Bild zeigt Sportster Custom 53, 1998

Serien XL

Die Standard-Sportster in ihrer letzten Ausführung blieb zumindest technisch mit ihrer Vorgängerin nahezu identisch. Gleiche Leistung und Endgeschwindigkeit, doch ein gegenüber 1996 um über DM 1.500,- reduzierter Preis machen aus ihr ein besonders attraktives Einsteigermodell. Wie bei allen Harley-Modellen üblich, änderten sich pünktlich zum jährlichen Modellwechsel auch die jeweiligen Tankembleme, so dass ein Original immer dem zweifelsfrei dem richtigen Jahr zugeordnet werden kann. Leider ist die 883 immer noch nur einsitzig erhältlich.

Baureihe:	XL
Modell:	XLH-883
Bauzeit:	seit 1996
Motor:	V2-Zylinder
Ventile:	ohv
Hubraum (cm³)	883
B x H:	76,2 x 96,8 mm
Leistung/1/min:	36 kW (49 PS)/6000
Vergaser:	Keihin
Anzahl Gänge:	5
Sekundärantrieb:	Riemen
Bremsen:	v./h. Scheiben
Vmax.	155 km/h
Zulässiges GG:	430 kg
Reifen:	v./h. 100/90H19/130/90HB16
Neupreis:	DM 13.200,- (1999)
Anmerkungen:	Schwingenrahmen Typ V.
	Bild zeigt Sportster 883, 2000.

Serien XL

Die 1200er-Sportster in der Standard-Ausführung hat gegenüber früheren Modellen
nichts an Attraktivität eingebüßt. Behutsame
Modellpflege hat HD auch diesem Sport-Gerät
angedeihen lassen und der große Motor in
Kombination mit dem leichten Rahmen
machen aus dieser Maschine ein schnelles,
drehmomentstarkes Fahrzeug, das 1999 zum
letzten Mal vom Montageband lief.
Seit 1998 gibt es ein zweites Montagewerk
in Kansas, in dem ausschließlich Sportster-
Modelle montiert werden.

Baureihe:	XL
Modell:	XLH-1200
Bauzeit:	seit 1995 bis 1999
Motor:	V2-Zylinder
Ventile:	ohv
Hubraum (cm³):	1199
B x H:	88,8 x 96,8 mm
Leistung/1/min:	43 kW (58 PS)/5200)
Vergaser:	Keihin
Anzahl Gänge:	5
Sekundärantrieb:	Riemen
Bremsen:	v./h. Scheiben
Vmax.	160 km/h
Zulässiges GG:	430 kg
Reifen:	v./h. 100/90H19/130/90HB16
Neupreis:	DM 16.200,- (1999)
Anmerkungen:	Schwingenrahmen Typ V;
	im Bild Sportster 1200, 1999.

Serien FX

Mit der brandneuen Serie FX verabschiedete Harley-Davidson 1971 endgültig von seiner Strategie der zwei Serien (FL und XL), was innerhalb weniger Jahre zu ungeahnten Produktionsrekorden führen sollte.

In Anlehnung an die Electra Glide wurde die neue Kreation schlicht »Super Glide« genannt. Die FX war ein Modell, das genau den Publikumsgeschmack getroffen hatte.

Der Chopper mit 19-Zoll-Vorderrad und 16-Zoll-Hinterrad kombinierte den schlanken Tank der Sportster mit dem geringfügig modifizierten Rahmen sowie den Motor der FL/FLH-Modelle. Im Gegensatz zu diesen blieb es noch einige Jahre lang bei dem zulässigen Gesamtgewicht von 440 kg. Anachronistisch genug, kam die Neue wieder mit dem seither nur noch bei der XLCH serienmäßigen Kickstarter daher. Außerdem glänzte sie mit einem

Baureihe:	FX
Modell:	FX Super Glide
Bauzeit:	1971
Motor:	V2-Zylinder
Ventile:	ohv
Hubraum (cm³)	1207
B x H:	87,3 x 100,8 mm
Leistung/1/min:	43 kW (58 PS)/5150
Vergaser:	Bendix-Zenith
Anzahl Gänge:	4
Sekundärantrieb:	Kette
Bremsen:	v./h. Trommel
Vmax.	156 km/h
Zulässiges GG:	440 kg
Reifen:	v./h. 3.75S19/5.10S16
Neupreis:	DM 13.500,-
Anmerkungen:	Straight-Schwingenrahmen

auch für die Sportster als Zubehör lieferbaren Kunststoffheck und einem kreisrunden Rücklicht.

Serien FX

Bereits 1972 war das Kunststoffheck wieder durch eine konventionellere Ausführung ersetzt worden, ansonsten blieb alles beim alten. Mit der FX hatte HD den lange ersehnten Coup auf dem Markt gelandet. Noch 1970 konnte man von den V2-Modellen etwa 16.000 Stück auf dem Markt absetzen, doch 1975 war man bereits bei über 41.000 Stück. Der Rest verteilte sich auf die von dem italienischen Partner eingekauften Zweitakt-Modelle, die bis 1978 parallel zu den eigentlichen Harleys im Programm geführt wurden. Bis 1972 verwendete man vorn und hinten althergebrachte Trommelbremsen. Ab dem Modelljahr 1973 ersetzte man diese dann durch je eine Bremsscheibe, wie sie auch bei den Electra Glides eingebaut waren. Das Grundmodell FX wurde immerhin acht Jahre lang offeriert und dann einfach aus den Listen gestrichen. Der Kickstarter wurde aber noch etliche Jahre lang im Modell FXWG verwendet.

Baureihe:	FX
Modell:	FX Super Glide
Bauzeit:	1972 bis 1978
Motor:	V2-Zylinder
Ventile:	ohv
Hubraum (cm³)	1207
B x H:	87,3 x 100,8 mm
Leistung/1/min:	43 kW (58 PS)/5150
Vergaser:	Bendix-Zenith (bis 1976)
	Keihin (ab 1976)
Anzahl Gänge:	4
Sekundärantrieb:	Kette
Bremsen:	v./h. T/T (1972); S/S (1973-78)
	2 x S/S (1978)
Vmax.	156 km/h
Zulässiges GG:	440 kg
Reifen:	v. 3.75S19/MM90S19
	h. 5.10S16/MT90S16
Neupreis:	DM 12.671,- (1972)
Anmerkungen:	Straight-Schwingenrahmen;
	im Bild Modell 1972

Serien FX

Der einfachen Kickstarter-FX stellte man nach zahllosen Kundenanfragen erst im Jahre 1974 die Version mit Elektrostarter als FXE zur Seite, die bis 1980 gebaut werden sollte. Technisch unterschieden sich die beiden Fahrzeuge jedoch sonst nicht, doch im letzten Baujahr der FXE (die FX war schon verblichen) wurde durch eine weitere Rahmenmodifikation ein Gesamtgewicht von 492 kg möglich. Die Käufer hatten ab 1979 neben der zur Grundversion gewordenen FXE eine größere Variante mit dem 80-CID-Motor zur Auswahl, die jedoch technisch gleich aufgebaut war. Sie hieß FXE-80 und wurde bis 1984 angeboten. Zwischen 1981 und 1983 fanden spürbare Preissteigerungen statt. Die FXE-80 kostete im Jahre 1981 noch DM 12.390,-. 1982 wurden bereits DM 14.445,- verlangt und 1983 trug das Fahrzeug ein Preisschild mit der Aufschrift DM 17.235,-.

Baureihe:	FX
Modell:	FXE Super Glide
Bauzeit:	1974 bis 1980
Motor:	V2-Zylinder
Ventile:	ohv
Hubraum (cm³):	1207
B x H:	87,3 x 100,8 mm
Leistung/1/min:	43 kW (58 PS)/5150 (1975)
Vergaser:	Bendix-Zenith (bis 1976)
	Keihin (ab 1976)
Anzahl Gänge:	4
Sekundärantrieb:	Kette
Bremsen:	v./h. S/S (1974-1977)
	2 x S/S (ab 1978)
Vmax.	156 km/h
Zulässiges GG:	440 kg (ab 1980: 492 kg)
Reifen:	v. 3.75S19/MM90S19
	h. 5.10S16/MT90S16
Neupreis:	DM 13.380,-/12.950,-
	(1974/1978)
Anmerkungen:	Straight-Schwingenrahmen;
	im Bild Super-Glide 1975

Serien FX

Den bisherigen FX-Modellen stellte man mitten im Jahr 1977 mit der FXS eine mehr auf Sportlichkeit getrimmte Version zur Seite, die etwas tiefergelegt worden war und einen gereckten Lenkkopf aufwies. Darüber hinaus versah HD das neue Sportgerät mit einem geraden Lenker, dem sogenannten »Drag-Bar«-Lenker. Wie auch die XLCR, bekam die FXS eine vordere Zweischeibenbremsanlage. Außerdem war auch noch ein den großen Harleys nachempfundener zweiteiliger Kraftstoff-Tank montiert. Die Gabel lieferte jetzt übrigens die Firma Showa, die neben dem ebenfalls japanischen Hersteller Kayaba als Zulieferer auftrat. Als weitere Besonderheit hatte die FXS noch die 2-in-1-Auspuffanlage, die es parallel dazu später auch bei den Sportstern geben sollte. Neben der Low Rider FXS 1200 wurde noch 1980 eine Version mit dem größeren 1340er-Motor präsentiert.

Baureihe:	FX
Modell:	FXS Low Rider
Bauzeit:	1977 bis 1980
Motor:	V2-Zylinder
Ventile:	ohv
Hubraum (cm³)	1207
B x H:	87,3 x 100,8 mm
Leistung/1/min:	43 kW (58 PS)/5300 (1977)
Vergaser:	Keihin
Anzahl Gänge:	4
Sekundärantrieb:	Kette
Bremsen:	v./h. 2 x S/S
Vmax.	156 km/h
Zulässiges GG:	440 kg (ab 1980: 492 kg)
Reifen:	v. 3.75S19/MJ90S19
	h. 5.10S16/MT90S16
Neupreis:	DM 13.350,- (1978)
Anmerkungen:	Straight-Schwingenrahmen;
	im Bild Low Rider 1977

Serien FX

1979 kam mit der FXEF ein eigenständiges
Modell. Obwohl sich die Leute bei Harley-
Davidson nie so recht entscheiden konnten,
ob es ein Untermodell der FXE oder eben
ein eigenständiges Modell sein sollte (die
Bezeichnung wurde zwischen 1979 und
1986 immerhin zweimal wieder geändert),
besaß sie immerhin wenigstens eine eigene
Rahmen-Nummern-Serie. Vom Motor her war
sie mit der FXE identisch. Wie die FXS ent-
lehnten die »Fat Bob« genannten Maschinen
den zweigeteilten Tank von den größeren
Harleys, und auch der Tacho mit sämtlichen
Armaturen fand in einem zwischen den Tanks
montierten Aufsatz Platz. Der »Buckhorn«-
Lenker passte auch optisch zum neuen Modell.
Vom Produktionsbeginn an gab es die FXEF
entweder als 1200er zu kaufen oder aber mit
dem erst 1978 eingeführten größeren 1340er-
Shovelhead-Motor. Wie bei der FXSB wurde
auch bei der FXEF »Flat Bob« der Evolution-
Motor eingeführt. Als einzig überlebende FX-
Variante blieb die FXWG »Wild Glide« noch bis
1986 im Programm. Danach kamen die FXR.

Baureihe:	FX
Modell:	FXE/FXEF
Bauzeit:	1979 bis 1984
Motor:	V2-Zylinder
Ventile:	ohv
Hubraum (cm³)	1207/1338
B x H:	87,3 x 100,8 mm/ 88,8 x 108,0 mm
Leistung/1/min:	43/45 kW (58/61 PS)/ 5300/5800
Vergaser:	Keihin
Anzahl Gänge:	4
Sekundärantrieb:	Kette
Bremsen:	v./h. 2 x S/S
Vmax.	155 km/h
Zulässiges GG:	440 kg (ab 1980: 492 kg)
Reifen:	v./h. MM90S19/MT90S16
Neupreis:	DM 12.700,- (1979, FXEF-1200)
Anmerkungen:	Straight-Schwingenrahmen; Modell FXEF (1979-1984) Fat Bob 1200 (1979-1980) bzw. »1340« (1979-1984). Im Bild FXEF von 1979.

Serien FX

Im Jahre 1983 verschmolz man die beiden Modelle FXB Sturgis und FXS Low Rider zu einem gemeinsamen Modell, der FXSB. Technisch gesehen war also dieses Modell eine FXS geblieben, allerdings mit den beiden Antriebs-Riemen. Zwei Jahre lang blieb diese wenig erfolgreiche Kombination im Angebot, dann wurde das letzte FXSB-Modell modifiziert. Bei der letzten Version der FXSB von 1985 verschwand der Primärriemen zugunsten der guten alten Kette zwischen Motor und Getriebe. Doch die wichtigste Neuerung stellte der Evolution-Motor dar. Immerhin um 7 PS erstarkt, war die Low Rider jetzt noch schneller geworden. Über 160 km/h waren allemal drin. Auch bei diesen Modellen fanden ausgeprägte Preiserhöhungen statt. Allein zwischen 1982 und 1983 stieg der Preis um über DM 3.000,- an, um bis 1985 nochmals um DM 4.000,- in die Höhe zu klettern, was die Absatzchancen dieser Maschinen doch ganz erheblich schmälerte.

Baureihe:	FX
Modell:	FXSB Low Rider
Bauzeit:	1983 bis 1984
Motor:	V2-Zylinder
Ventile:	ohv
Hubraum (cm³)	1338
B x H:	88,8 x 108,0 mm
Leistung/1/min:	42 kW (57 PS)/5200
Vergaser:	Keihin
Anzahl Gänge:	4
Sekundärantrieb:	Riemen
Bremsen:	v./h. 2 x S/S
Vmax.	155 km/h
Zulässiges GG:	492 kg
Reifen:	v./h. MJ90S19/MT90S16
Neupreis:	DM 20.145,- (1983)
Anmerkungen:	Straight-Schwingenrahmen. Im Bild Modell 1983

Serien FX

Im Jahr 1980 erschien erstmals die FXWG
»Wild Glide«. Sie besaß eine besonders breite
Gabelkonstruktion und wirkte noch wuchtiger
als die anderen FX-Modelle. Immer noch mit
einem Kickstarter versehen, entsprach dieses
Modell den Vorstellungen vieler Kunden von
einem echten Motorrad. Auch die neue Kombination von einem 21-Zoll-Vorderrad mit dem
großen 16-Zoll-Hinterrad trug dazu bei.
Anfangs noch mit der normalen Antriebskette
ausgerüstet, kam ab dem Modelljahr 1983 der
aus der FXB bereits bekannte Sekundärriemen
zum Einsatz. Alle FX-Modelle hatten bis einschließlich 1983 die doppelte vordere Schei-
benbremsanlage. 1985 bekam die FXWG den
Evo-Motor spendiert.
Als letztes Modell der FX-Reihe nahm man
Ende 1986 die FXWG aus dem Angebot.
Die am längsten von allen gebaute FX kostete
am Schluss stolze DM 24.676,-. Von 1985

Baureihe:	FX
Modell:	FXWG Wide Glide Evo
Bauzeit:	1985 bis 1986
Motor:	V2-Zylinder
Ventile:	ohv
Hubraum (cm³)	1338
B x H:	88,8 x 108,0 mm
Leistung/1/min:	47 kW (64 PS)/5200
Vergaser:	Keihin
Anzahl Gänge:	4
Sekundärantrieb:	Riemen
Bremsen:	v./h. Scheiben
Vmax.	165 km/h
Zulässiges GG:	440 kg
Reifen:	v./h. MH90S21/MT90S16
Neupreis:	DM 22.630,-
Anmerkungen:	Straight-Schwingenrahmen für Evo; Bild zeigt Wide Glide Evo 1986

bis 1986 ebenfalls mit dem Evolution-Motor
bestückt, bildete sie das Bindeglied zur sich
ständig verbreiternden FXR-Serie.

WIDE GLIDE®
FXWG

Serien FXR

Im Jahr 1982 erschien die als Nachfolge für die FX-Serie gedachte FXR-Modellreihe. Sie erhielt einen komplett neu aufgebauten Rahmen, ähnlich dem der großen FLT/FLHT-Flaggschiffe. Der Shovelhead-Motor, der in der FXR noch von 1982 bis 1983 Dienst tat, war, ebenso wie der ab 1984 verwendete Evolution-Motor gummigelagert. Diese Gummi-Lagerung hatte die FXR von der FLT übernommen.

Gleich von Anfang an mit einem Fünfgang-Getriebe ausgerüstet, war diese Harley-Serie auf der Höhe der Zeit. Erstaunlicherweise bekam sie jedoch erst ab 1985 (die FXRT schon 1984) den Sekundär-Riemen spendiert. Nach der FX-Nomenklatur jetzt »Super Glide II« genannten FXR, war auch mit diesem Namen die Zielrichtung vorgegeben.

Baureihe:	FXR
Modell:	FXR Super Glide II
Bauzeit:	1982 bis 1983
Motor:	V2-Zylinder
Ventile:	ohv
Hubraum (cm³)	1338
B x H:	88,8 x 108,0 mm
Leistung/1/min:	47 kW (64 PS)/5200
Vergaser:	Keihin
Anzahl Gänge:	5
Sekundärantrieb:	Kette
Bremsen:	v./h. Scheiben
Vmax.	162 km/h
Zulässiges GG:	492 kg
Reifen:	v./h. MJ90S19/MT90S16
Neupreis:	DM 19.205,-
Anmerkungen:	FXR-Schwingenrahmen; im Bild Super Glide II von 1982

Serien FXR

Die »Low Rider« der neuen FXR-Serie kam als »Low Glide« mit dem Kürzel FXRS zeitgleich mit dem weniger luxuriösen Grundmodell auf den Markt. Technisch absolut identisch, unterschieden sich beide Varianten nur durch Ausstattungsdetails. Alle FXR-Modelle hatten übrigens vorn 19-Zoll-Räder und hinten die gleichen 16-Zöller wie die FX- und FL-Modelle. Erstmals bei Harley-Davidson kamen Halogen-Scheinwerfer zum Einsatz, die eine ausgezeichnete Lichtausbeute versprachen. Die FXRS hatte sogar noch eine kleine »Sissy-Bar« (kurze hintere Sitzlehne) serienmäßig. Preislich trennte die beiden Modelle rund 3.000 Mark.

Baureihe:	FXR
Modell:	FXRS Super Glide II
Bauzeit:	1982 bis 1983
Motor:	V2-Zylinder
Ventile:	ohv
Hubraum (cm³)	1338
B x H:	88,8 x 108,0 mm
Leistung/1/min:	47 kW (64 PS)/5200
Vergaser:	Keihin
Anzahl Gänge:	5
Sekundärantrieb:	Kette
Bremsen:	v./h. Scheiben
Vmax.	162 km/h
Zulässiges GG:	492 kg
Reifen:	v./h. MJ90S19/MT90S16
Neupreis:	DM 20.550,-
Anmerkungen:	FXR-Schwingenrahmen; im Bild Modell 1983

FXRS SUPER GLIDE II.®

Serien FXR

Bereits 1983 erschien eine weitere Variante in der FXR-Klasse, die FXRT. Auch hier steht das »T« für Touring. Eine rahmenfeste Verkleidung á la FLT gehörte ebenso zur Grundausstattung wie die seitlichen Gepäckkoffer und ein Anti-Dive-System an der Gabel. Zusammen mit dem Sondermodell FXRDG kam erstmals bei den FXR-Modellen der Sekundär-Riemen zur Geltung. Im ersten Jahr noch mit der Doppelscheiben-Bremsanlage versehen, kam die FXRT schon 1984 mit der neuen gelochten Solo-Vorderrad-bremsscheibe daher. Durch die windschnitti ge Verkleidung und die aerodynamisch günsti-gen Koffer, war die FXRT geringfügig schneller als ihre Schwestern der gleichen Reihe.

Baureihe:	FXR
Modell:	FXRT Sport Glide
Bauzeit:	1983 bis 1986
Motor:	V2-Zylinder
Ventile:	ohv
Hubraum (cm³)	1338
B x H:	88,8 x 108,0 mm
Leistung/1/min:	47 kW (64 PS)/5200
Vergaser:	Keihin
Anzahl Gänge:	5
Sekundärantrieb:	Kette (ab 1984 Riemen)
Bremsen:	v./h. Scheiben
Vmax.	167 km/h
Zulässiges GG:	492 kg
Reifen:	v./h. MJ90S19/MT90S16
Neupreis:	DM 21.200,- (1983)
Anmerkungen:	FXR-Schwingenrahmen; im Bild FXRT von 1984

FXRT **SPORT GLIDE**™

Serien FXR

Als Sondermodell nur in 1984 kurzzeitig angeboten, war (nach einer begrenzten Serie FXDG) die FXRDG das logische Folgemodell. Beide Maschinen hatten das für HD gänzlich neue hintere Vollscheiben-Gussrad, ansonsten entsprachen sie technisch den anderen Modellen der jeweiligen Serie.

Um den Verkauf zu fördern oder die Wünsche der Kunden zu testen, brachte Harley des öfteren Sonderserien heraus. Auch zu runden oder halbrunden Geburtstagen wurden solche Modelle lanciert: die »Anniversary Edition«-Modelle. Darüber hinaus gab es noch zu den Feiern anlässlich der amerikanischen Unabhängigkeitserklärung sogenannte »Liberty Edition«-Modelle mit besonders reichhaltiger Ausstattung zu kaufen.

Baureihe:	FXR
Modell:	FXRDG Disc Glide
Bauzeit:	1984
Motor:	V2-Zylinder
Ventile:	ohv
Hubraum (cm³)	1338
B x H:	88,8 x 108,0 mm
Leistung/1/min:	47 kW (64 PS)/5200
Vergaser:	Keihin
Anzahl Gänge:	5
Sekundärantrieb:	Riemen
Bremsen:	v./h. Scheiben
Vmax.	162 km/h
Zulässiges GG:	492 kg
Reifen:	v./h. MJ90S19/MT90S16
Neupreis:	n.a.
Anmerkungen:	FXR-Schwingenrahmen; im Bild die nur 1984 angebotene Disc Glide Limited Edition

Serien FXR

Ohne die Gussscheibenräder aus der FXRDG war die neue FXRD als Grand Touring Edition für 1986 ins Programm aufgenommen worden. Als Zusatzausstattung gab es eine spezielle Stereo-Radio-Anlage mit automatischer Lautstärkeregelung. Weitere Extras waren Trittbretter sowie eine 2-in-1-Auspuffanlage. Nach nur zwei Modelljahren kam für die FXRD bereits das »Aus«. Sie stellte in den beiden Jahren, in denen sie angeboten wurde, die teuerste Variante in der FXR-Serie dar, 1986 wurde sie lediglich in einer limitierten Serie von genau 1.000 Stück hergestellt.

Baureihe:	FXR
Modell:	FXRD
Bauzeit:	1986 bis 1987
Motor:	V2-Zylinder
Ventile:	ohv
Hubraum (cm³)	1338
B x H:	88,8 x 108,0 mm
Leistung/1/min:	43 kW (58 PS)/5000
Vergaser:	Keihin
Anzahl Gänge:	5
Sekundärantrieb:	Riemen
Bremsen:	v./h. Scheiben
Vmax.	160 km/h
Zulässiges GG:	492 kg
Reifen:	v./h. MM90S19/MT90S16
Neupreis:	DM 27.665,- (1986)
Anmerkungen:	FXR-Schwingenrahmen. Im Bild die Grand Touring Edition von 1986

Serien FXR

Ein weiteres Mitglied der immer zahlreicher werdenden FXR-Familie stellt die FXLR dar, die mit »bürgerlichem Namen »Low Rider Custom« genannt wurde. Im Gegensatz zu den bisherigen FXR-Maschinen gab es für die FXLR ein 21-Zoll-Vorderrad. Sie wurde bis zum Ende der Laufzeit der FXR-Serie im Jahr 1994 angeboten.

Die Polizeimaschinen aus der FXR-Reihe (FXRP) stellen eigentlich eine eigene Modellreihe dar. Als einzige Maschine außer den FLH/FLT-Modellen für den Beiwagenbetrieb geeignet, produzierte HD auch spezielle »Boote« dafür. Die Polizeimaschinen gab es in drei verschiedenen Varianten: der Standard FXRP, dann in einer Ausführung mit Windschild und zusätzlich auch noch eine mit Verkleidung (ähnlich wie diejenige der FXRT). Erwähnenswert ist außerdem die Tatsache, daß Polizeiversionen wieder offiziell im Harley-Angebot auftauchten.

Baureihe:	FXR
Modell:	FXLR Low Rider
Bauzeit:	1987 bis 1994
Motor:	V2-Zylinder
Ventile:	ohv
Hubraum (cm³)	1338
B x H:	88,8 x 108,0 mm
Leistung/1/min:	43 kW (58 PS)/5000 (1987)
Vergaser:	Keihin
Anzahl Gänge:	5
Sekundärantrieb:	Riemen
Bremsen:	v./h. Scheiben
Vmax.	160 km/h
Zulässiges GG:	492 kg
Reifen:	v./h. MH90H21/ MT90H16 (130/90H16)
Neupreis:	DM 23.470,-/28.420,- (1988/1994)
Anmerkungen:	FXR-Schwingenrahmen; im Bild eine Low Rider Custom von 1987.

Serien FXR

Mit zwei verschiedenen Modell-Kürzeln versehen, führte man die neue »Low Rider Sport Edition« für 1985 ein. Natürlich mit an Bord: der Evolution-Motor, der erstmals 1983 bei Polizei-FXR erprobt worden war. Die Polizeimaschinen aus der FXR-Reihe (FXRP) stellen eigentlich eine eigene Modellreihe dar. Als einzige Maschinen außer den FLH/FLT-Modellen für den Beiwagenbetrieb geeignet, produzierte HD auch spezielle »Boote« dafür. Die Polizeimaschinen gab es in drei verschiedenen Varianten: der Standard FXRP, dann einer Ausführung mit Windschild und zusätzlich auch noch eine mit Verkleidung (ähnlich wie diejenige der FXRT).

Baureihe:	FXR
Modell:	FXRS-SP Low Rider
Bauzeit:	1985 bis 1993
Motor:	V2-Zylinder
Ventile:	ohv
Hubraum (cm³)	1338
B x H:	88,8 x 108,0 mm
Leistung/1/min:	43 kW (58 PS)/5000 (1988)
Vergaser:	Keihin
Anzahl Gänge:	5
Sekundärantrieb:	Riemen
Bremsen:	v./h. Scheiben
Vmax.	160 km/h
Zulässiges GG:	492 kg
Reifen:	v. MJ90H19 (100/90H19)
	h. MT90H16 (130/90H16)
Neupreis:	DM 24.020,-/25.840,-
Anmerkungen:	(1986/1992)
	FXR-Schwingenrahmen;
	FXRS-SP Low Rider Sport
	Edition, im Bild ein Modell von
	1988. Auch als FXRSL codiert.

Serien FXR

Noch 1990 gab ein weiteres neues Modell seinen Einstand bei Harley-Davidson, die ebenso zur Low Rider-Gruppe zählende »Low Rider Convertible«. Der Begriff Convertible bedeutet eigentlich »Cabriolet«, hier wurde er zum ersten Mal für ein Motorrad gebraucht. Auch die FXR-Serie hatte mit sinkenden Leistungsangaben zu kämpfen (wegen der immer strenger werdenden Abgas- und Geräuschnormen sowie der neuen Versicherungsklassen). Doch wie alle FXR war auch die Convertible mit dem nun schon bewährten Evolution-Motor in der 80-CID-Ausführung ausgerüstet.

Baureihe:	FXR
Modell:	FXRS-CON
Bauzeit:	1990 bis 1993
Motor:	V2-Zylinder
Ventile:	ohv
Hubraum (cm³)	1338
B x H:	88,8 x 108,0 mm
Leistung/1/min:	33 kW (45 PS)/4800 (1990)
Vergaser:	Keihin
Anzahl Gänge:	5
Sekundärantrieb:	Riemen
Bremsen:	v./h. Scheiben
Vmax.	150 km/h
Zulässiges GG:	492 kg
Reifen:	v./h. 100/90H19/130/90H16
Neupreis:	DM 26.560,- (1992)
Anmerkungen:	FXR-Schwingenrahmen; im Bild Low Rider Convertible von 1990

Serien FXR

Der Name dieses Fahrzeugs stiftet auch heute noch Verwirrung in der Harley-Modell-geschichte. Die ursprüngliche »Low Rider« erschien nämlich in der FX-Serie. Sie wurde bis einschließlich 1985 gebaut. Noch im gleichen Jahr erschien dann die »FXRS-SP«, die Teil der FXR-Familie war. Und diese »Low Glide« erhielt dann nach dem Auslaufen der FX-LowRider deren Namen. Mit diesem Wissen im Hinterkopf erscheint es wiederum ganz logisch, dass die FXLR ebenfalls zur LowRider mutierte, zur besseren Unterscheidung mit dem Zusatz »Custom« versehen. Alles klar? Die FXRS wurde übrigens bereits zwei Jahre vor dem Erlöschen der Modellreihe gestrichen.

Baureihe:	FXR
Modell:	FXRS
Bauzeit:	1984 bis 1992
Motor:	V2-Zylinder
Ventile:	ohv
Hubraum (cm³)	1338
B x H:	88,8 x 108,0 mm
Leistung/1/min:	33 kW (45 PS)/4800 (1990)
Vergaser:	Keihin
Anzahl Gänge:	5
Sekundärantrieb:	Riemen
Bremsen:	v./h. Scheiben
Vmax.	150 km/h
Zulässiges GG:	492 kg
Reifen:	v. MJ90H19 (100/90H19)
	h. MT90H16 (130/90H16)
Neupreis:	DM 20.950,-/25.700,-
Anmerkungen:	(1984/1992)
	FXR-Schwingenrahmen;
	Modell FXRS (1984-1985) als
	Low Glide bezeichnet, FXRS
	1986-1992 heißt Low Rider.
	Im Bild ein Modell von 1990

Serien FXR

In Anlehnung an die Tour Glide-Modelle der
großen Harley-Serie entstand 1987 eine
Touring-FXR, welche schon von weitem an
ihrer Verkleidung mit Windschild zu erkennen
war. Gepäcktaschen aus Kunststoff, die in
derselben Farbe wie Verkleidung, Tank und
Schutzbleche lackiert waren, trugen ebenfalls
zum unverwechselbaren Äußeren bei.
Die Touring-FXR gehört zu den in dieser Serie
am längsten gebauten Modellen, stellt aber
gleichzeitig auch die seltenste Variante dar.
Mehr als 300 Exemplare pro Jahr verließen
die Montagehallen in York praktisch nie.

Baureihe:	FXR
Modell:	FXRT Sport Glide
Bauzeit:	1987 bis 1992
Motor:	V2-Zylinder
Ventile:	ohv
Hubraum (cm³)	1338
B x H:	88,8 x 108,0 mm
Leistung/1/min:	35 kW (48 PS)/4900 (1992)
Vergaser:	Keihin
Anzahl Gänge:	5
Sekundärantrieb:	Riemen
Bremsen:	v./h. Scheiben
Vmax.	145 km/h
Zulässiges GG:	492 kg
Reifen:	v. MM90H19 (100/90H19)
	h. MT90H16 (130/90H16)
Neupreis:	DM 23.555,-/27.980,-
Anmerkungen:	(1987/1992)
	FXR-Schwingenrahmen; im
	Bild eine Sport Glide von 1988

Serien FXR

Obwohl ein ausgesprochen gut verkäufliches Modell – innerhalb der FXR-Reihe wurde sie am häufigsten geordert – war sie nach 1984 nicht mehr lieferbar. Erst zwei Jahre später ergänzte diese Grundversion wieder das Programm.

Endlich hatte auch sie serienmäßig den Sekundärriemen-Antrieb erhalten und avancierte rasch zum attraktiven Einsteigermodell bei den größeren Harleys, so daß sie dann auch bis zum Auslaufen der Serie verkauft wurde – und das wiederum mit gutem Erfolg, da sie innerhalb von neun Modelljahren auch kaum merklich teurer wurde.

Baureihe:	FXR
Modell:	FXR Super Glide
Bauzeit:	1986 bis 1994
Motor:	V2-Zylinder
Ventile:	ohv
Hubraum (cm³)	1338
B x H:	88,8 x 108,0 mm
Leistung/1/min:	35 kW (48 PS)/4900 (1994)
Vergaser:	Keihin
Anzahl Gänge:	5
Sekundärantrieb:	Riemen
Bremsen:	v./h. Scheiben
Vmax.	145 km/h
Zulässiges GG:	492 kg
Reifen:	v. MJ90H19 (100/90H19)
	h. MT90H16 (130/90H16)
Neupreis:	DM 21.610,-/24.450,-
Anmerkungen:	(1986/1994)
	FXR-Schwingenrahmen.
	Im Bild ein Modell von 1994

Serien FXD

Nachfolgerin der Sturgis war im Jahre 1992 die Dyna Glide Daytona. Trotz des um 1.000 Mark gestiegenen Preises erfreute sich die nun nicht mehr als beschränkte Auflage, sondern als reguläres Modell verkaufte Daytona regen Zuspruchs. Gleichzeitig mit ihr erschien noch die FXDC »Custom«. Alle Modelle besaßen denselben Rahmen und die gleichen Motoren und Getriebe. Sogar die Reifengrößen stimmten bei allen überein. Das zulässige Gesamtgesicht von 492 kg war seit den späten FX-Modellen von 1980 gleich geblieben.
Der Name »Daytona« erinnert an die berühmte amerikanische Rennstrecke am Strand von Florida und hatte bereits Anfang der 70er-Jahre einen großen Ferrari geziert.

Baureihe:	FXD
Modell:	FXDB Daytona
Bauzeit:	1992
Motor:	V2-Zylinder
Ventile:	ohv
Hubraum (cm³)	1338
B x H:	88,8 x 108,0 mm
Leistung/1/min:	35 kW (48 PS)/4900
Vergaser:	Keihin
Anzahl Gänge:	5
Sekundärantrieb:	Riemen
Bremsen:	v./h. Scheiben
Vmax.	145 km/h
Zulässiges GG:	492 kg
Reifen:	v./h. 100/90H19/130/90H16
Neupreis:	DM 28.640,-
Anmerkungen:	FXD-Schwingenrahmen; Bezeichnung Dyna Glide Daytona

Serien FXD

Obwohl der Begriff »Custom« normalerweise Luxusversionen charakterisiert, traf das im Falle der Dyna Glide nicht zu. Technisch mit ihren Schwestern identisch, geriet sie sogar noch etwas preiswerter als die Daytona. Beide Modelle (FXDB und FXDC) blieben wiederum nur ein einziges Jahr in Produktion und machten dann den nächsten Modellen Platz.

Der schlanke Rahmen der Dyna-Serie ermöglichte eine recht sportliche Fahrweise, so daß man eigentlich auch von einer aufgerüsteten Sportster mit dem großen Harley-Motor sprechen könnte. Gleichzeitig ermöglichte diese Kombination eine rationale Serienfertigung, was sich nicht zuletzt in den vergleichsweise attraktiven Preisen der ganzen Modellreihe niederschlug.

Baureihe:	FXD
Modell:	FXDC Dyna Glide
Bauzeit:	1992
Motor:	V2-Zylinder
Ventile:	ohv
Hubraum (cm³)	1338
B x H:	88,8 x 108,0 mm
Leistung/1/min:	35 kW (48 PS)/4900
Vergaser:	Keihin
Anzahl Gänge:	5
Sekundärantrieb:	Riemen
Bremsen:	v./h. Scheiben
Vmax.	145 km/h
Zulässiges GG:	492 kg
Reifen:	v./h. 100/90H19/130/90H16
Neupreis:	DM 27.480,-
Anmerkungen:	FXD-Schwingenrahmen; Dyna Glide Custom nur 1992 angeboten.

Serien FXD

Als Ablösung der FXRS-Convertible konzipiert, ergänzte ein Convertible-Modell ab 1994 die Dyna Glide-Familie. Preislich zwischen FXDL und der teureren FXDWG rangierend, stellt sie mit ihrem Windschild und den abnehmbaren Satteltaschen auch optisch ein sehr eigenständiges Fahrzeug dar. Den Rahmen hat sie mit den anderen Dynas gemeinsam.

Gleichzeitig löste die Convertible eigentlich auch die FXRT, die Touring-Version aus der FXR-Reihe ab, die nur bis 1992 gebaut worden war. Offenbar gab es noch einen Markt für diese Art Harley. Erst Ende 1998 wurde sie endgültig aus dem Programm genommen.

Baureihe:	FXD
Modell:	FXDS-CONV
Bauzeit:	1994 bis 1998
Motor:	V2-Zylinder
Ventile:	ohv
Hubraum (cm³)	1338
B x H:	88,8 x 108,0 mm
Leistung/1/min:	35 kW (48 PS)/4900 (1994)
Vergaser:	Keihin
Anzahl Gänge:	5
Sekundärantrieb:	Riemen
Bremsen:	v./h. Scheiben
Vmax.	145 km/h
Zulässiges GG:	492 kg
Reifen:	v. MM90H19 (100/90H19)
	h. MT90H16 (130/90H16)
Neupreis:	DM 29.650,- (1994)
Anmerkungen:	FXD-Schwingenrahmen; im Bild eine Dyna Low Rider Convertible von 1994

Serien FXD

Als Ersatz für die jeweils nur ein Jahr produzierten FXDB und FXDC kamen 1993 die FXDL (Dyna Low Rider) auch gleichzeitig als Ersatz der Low Rider aus der FXR-Serie heraus.
Diese wird auch heute noch angeboten. Seit dem letzten Modellwechsel von 1999 sind die Dynas alle mit dem brandneuen Twin-Cam-Motor mit 1450 cm³ Hubraum bestückt. Allerdings gibt es sie nur als Vergaser-Varianten, auf die Einspritzung müssen sie wohl noch ein wenig warten.
Mit fast 70 PS sind die neuesten Ausführungen immerhin 170 km/h schnell und kosten mit DM 28.670,- nur unwesentlich mehr als die parallel noch zwei Jahre lang im Programm befindlichen FXLR-Modelle.

Baureihe:	FXD
Modell:	FXDL Dyna Low Rider
Bauzeit:	seit 1993
Motor:	V2-Zylinder
Ventile:	ohv
Hubraum (cm³)	1338 (bis 1998)
	1449 (ab 1999)
B x H:	88,8 x 108,0 mm (bis 1998)
	95,3 x 101,6 mm (ab 1999)
Leistung/1/min:	41 kW (56 PS)/4900 (bis 98)
	50 kW (68 PS)/5500 (ab 99)
Vergaser:	Keihin
Anzahl Gänge:	5
Sekundärantrieb:	Riemen
Bremsen:	v./h. Scheiben
Vmax.	165 km/h (170 km/h ab 99)
Zulässiges GG:	492 kg
Reifen:	v. MM90H16 (100/90H19)
	h. MT90H16 (130/90H16)
Neupreis:	DM 28.670,- (1994 FXDL)
Anmerkungen:	FXD-Schwingenrahmen;
	im Bild Dyna Low Rider 1994

Serien FXD

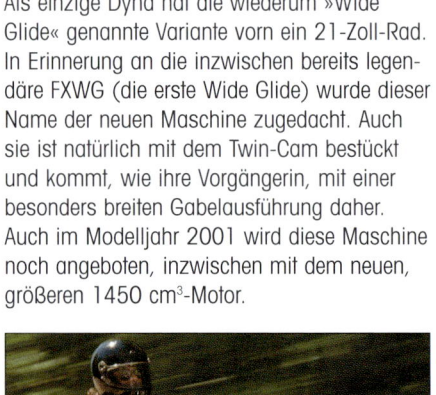

Als einzige Dyna hat die wiederum »Wide Glide« genannte Variante vorn ein 21-Zoll-Rad. In Erinnerung an die inzwischen bereits legendäre FXWG (die erste Wide Glide) wurde dieser Name der neuen Maschine zugedacht. Auch sie ist natürlich mit dem Twin-Cam bestückt und kommt, wie ihre Vorgängerin, mit einer besonders breiten Gabelausführung daher. Auch im Modelljahr 2001 wird diese Maschine noch angeboten, inzwischen mit dem neuen, größeren 1450 cm³-Motor.

Baureihe:	FXD
Modell:	FXDWG Dyna Wide Glide
Bauzeit:	seit 1993
Motor:	V2-Zylinder
Ventile:	ohv
Hubraum (cm³)	1338 (bis 1998)
	1449 (ab 1999)
B x H:	88,8 x 108,0 mm (bis 1998)
	95,3 x 101,6 mm (ab 1999)
Leistung/1/min:	41 kW (56 PS)/4900 (bis 98)
	50 kW (68 PS)/5500 (ab 99)
Vergaser:	Keihin
Anzahl Gänge:	5
Sekundärantrieb:	Riemen
Bremsen:	v./h. Scheiben
Vmax.	165 km/h
	(170 km/h ab 1999)
Zulässiges GG:	492 kg
Reifen:	v. MH90H21
	h. MT90H16 (130/90H16)
Neupreis:	DM 30.650,- (1994 FXDWG)
Anmerkungen:	FXD-Schwingenrahmen;
	im Bild Dyna Wide Glide 1996.

Serien FXD

Eigentlich hätte sie »Super Glide III« heißen müssen, doch bei HD hat man anders entschieden. Die erst nachträglich erschienene Standard-Ausführung FXD wurde schlicht Dyna Super Glide getauft. Im laufenden Modelljahr 1999 stellte sie die preiswerteste Möglichkeit, eine Harley mit dem großen 1450 cm³-Motor zu fahren (DM 23.950,-). Die Preise werden bei HD von Jahr zu Jahr moderat erhöht, doch die zahlreichen Verbesserungen machen diesen Aufschlag oft wieder wett.

Baureihe:	FXD
Modell:	FXD Dyna Super Glide
Bauzeit:	seit 1995
Motor:	V2-Zylinder
Ventile:	ohv
Hubraum (cm³)	1338 (bis 1998)
	1449 (ab 1999)
B x H:	88,8 x 108,0 mm (bis 1998)
	95,3 x 101,6 mm (ab 1999)
Leistung/1/min:	41 kW (56 PS)/4900 (bis 98)
	50 kW (68 PS)/5500 (ab 99)
Vergaser:	Keihin
Anzahl Gänge:	5
Sekundärantrieb:	Riemen
Bremsen:	v./h. Scheiben
Vmax.	165 km/h
	(170 km/h ab 1999)
Zulässiges GG:	492 kg
Reifen:	v. MM90H19 (100/90H19)
	h. MT90H16 (130/90H16)
Neupreis:	DM 22.990,- (1995)
Anmerkungen:	FXD-Schwingenrahmen; im Bild
	eine Dyna Wide Glide 1996.

Serien FXD

Die Neuheit auf dem Dyna-Sektor zum Jahr
2000 stellte die FXDX alias »Dyna Super Glide
Sport« dar. Im Gegensatz zu den Wide Glides
und der Standard-FXD hatte sie, ebenso wie die
FXDL, vorne eine Doppelscheibenbremsanlage.
Dafür war sie bis auf wenige Chromteile in
zurückhaltendem Schwarz lackiert (sogar die
Zylinderkopfdeckel). Nur Schutzbleche und
Tank gerieten bunt, doch letzterer hatte, was bei
HD sehr selten ist, eine sehr schlichte Auf-
schrift und kein Emblem.
Für die Saison 2001 erschien dann die
Touring-Ausführung der Sport mit dem Modell-
kürzel FXDX-T, gekennzeichnet vom Wind-
schild und zwei Gepäcktaschen – Reminis-
zensen an die Tour Glide bzw. die Touring
Edition FXRT aus der 1994 verblichenen FXR-
Serie.

Baureihe:	FXD
Modell:	FXDX
Bauzeit:	seit 1999
Motor:	V2-Zylinder
Ventile:	ohv
Hubraum (cm³)	1449
B x H:	95,3 x 101,6 mm
Leistung/1/min:	50 kW (68 PS)/5500
Vergaser:	Keihin
Anzahl Gänge:	5
Sekundärantrieb:	Riemen
Bremsen:	v./h. Scheiben
Vmax.	170 km/h
Zulässiges GG:	492 kg
Reifen:	v./h. 100/90H19/130/90H16
Neupreis:	DM 25.900,- (1999)
Anmerkungen:	FXD-Schwingenrahmen; im Bild eine Dyna Super Glide Sport von 1999.

Buell S1

Das Modell Lightning (S1) erschien auf dem US-Markt erstmalig für das Modelljahr 1995. Die »Königin der Nackten« verfügte über den 1200er-Harley-Motor, der es hier auf respektable 200 km/h brachte. Auffällige Merkmale dieser Sport-Harley waren der eigenständige, auf Leichtgewicht getrimmte Gitterrohr-Rahmen, den Firmengründer Eric Buell entworfen hatte, der links unter dem Motor angeordnete große, einzelne Auspufftopf und das schwungvolle Styling. Weiteres technisches Highlight ist das einzelne, liegende Hinterradfederbein, das den Softail-Modellen nachempfunden wurde. In den Modelljahren 1997 und 1998 auch in Deutschland angeboten, erfreute sich die Maschine, nicht zuletzt auch wegen ihres vergleichsweise günstigen Preises, reger Nachfrage. Die knapp 90 PS bewiesen, welches Potenzial in dem 1200er Harley-Motor steckten.

Baureihe:	S1
Modell:	S1 Lightning
Bauzeit:	1997-1998
Motor:	V2-Zylinder
Ventile:	ohv
Hubraum (cm³)	1203
B x H:	88,9 x 96,5 mm
Leistung/1/min:	60 kW(82 PS)/5900
Vergaser:	Keihin
Anzahl Gänge:	5
Sekundärantrieb:	Zahnriemen
Bremsen:	v./h. Scheiben
Vmax.	200 km/h
Zulässiges GG:	396 kg
Reifen:	v./h. 120/70ZR17/170/60ZR17
Neupreis:	DM 21.570,- (1998)
Anmerkungen:	Gitterrohrrahmen; Leistung Mj. 98: 65 kW(88 PS)/6100/min. Im Bild ein Modell von 1997

Buell S1

Von der Lightning (zu deutsch »Blitz«) gab
es 1998 und 1999 zusätzlich das Sondermodell »White Lightning«. Logischerweise
konnte dieses Sportgerät ausschließlich in
der Farbe Weiß bestellt werden, wobei die
gesamte Technik mit dem Basismodell identisch war. Auch die Felgen waren weiß lackiert.

Baureihe:	S1
Modell:	S1 White Lightning
Bauzeit:	1998 - 1999
Motor:	V2-Zylinder
Ventile:	ohv
Hubraum (cm³)	1203
B x H:	88,9 x 96,5 mm
Leistung/1/min:	60 kW (82 PS)/5900
Vergaser:	Keihin
Anzahl Gänge:	5
Sekundärantrieb:	Zahnriemen
Bremsen:	v./h. Scheiben
Vmax.	200 km/h
Zulässiges GG:	396 kg
Reifen:	v./h. 120/70ZR17/170/ 60ZR17
Neupreis:	DM 22.470,- (1998)
Anmerkungen:	Gitterrohrrahmen; Leistung Mj. 98/99: 65 kW (88 PS)/6100/min

Buell S3

In Deutschland nicht angeboten wurde das Modell Thunderbolt (S2), welches in den Modelljahren 1994 bis 1996 vom Stapel lief. Dieses Modell wies noch kein Windschild und noch die massiveren Gussfelgen im sportlichen Dreispeichen-Design auf. Die Nachfolgerin in Form der gleichnamigen S3 kam zeitgleich in den USA und bei uns auf den Markt. Technisch wie alle Buell-Modelle nahezu identisch, stellt die S3 mit dem etwas ausladenderen Heckteil eine Langstreckenmaschine dar, die mit kleinem Windschild etwas mehr Komfort bot. Die Thunderbolt-Modelle wurden zum Ende des 1999er Modelljahres aus dem Programm genommen. Allen Buell-Typen gemeinsam ist der 40er-Keihin-Vergaser. Eine Einspritzanlage gibt es erst bei der X1.

Baureihe:	S3
Modell:	S3 Thunderbolt
Bauzeit:	1997-1999
Motor:	V2-Zylinder
Ventile:	ohv
Hubraum (cm³)	1203
B x H:	88,9 x 96,5 mm
Leistung/1/min:	60 kW (82 PS)/5900
Vergaser:	Keihin
Anzahl Gänge:	5
Sekundärantrieb:	Zahnriemen
Bremsen:	v./h. Scheiben
Vmax.:	205 km/h
Zulässiges GG:	412 kg
Reifen:	v./h. 120/70ZR17/170/ 60ZR17
Neupreis:	DM 22.870,- (1998)
Anmerkungen:	Gitterrohrrahmen; 65 kW (88 PS)/6100/min (Mj. 97+98); 66 kW (90 PS)/6200/min (Mj. 1999)

Buell S3

Das Schwestermodell der S3 ist die S3T, wobei nach üblicher Harley-Nomenklatur das »T« für »Touring« steht. Die Serienausstattung umfasste lackierte Beinschilder, zwei Touren-koffer mit einem Fassungsvermögen von ins-gesamt 31 Litern sowie zwei Stofftaschen in der Verkleidung. Damit war sie natürlich auch etwas teurer als das Grundmodell. Vereinzelt wurde dieses Modell auch noch im Jahr 2000 von den Händlern angeboten, doch handelte es sich dabei um Restbestände aus 1999 handeln. Offiziell jedenfalls wurde die S3T nicht mehr angeboten.

Baureihe:	S3
Modell:	S3T Thunderbolt
Bauzeit:	1997-1999
Motor:	V2-Zylinder
Ventile:	ohv
Hubraum (cm³)	1203
B x H:	88,9 x 96,5 mm
Leistung/1/min:	60 kW (82PS)/5900
Vergaser:	Keihin
Anzahl Gänge:	5
Sekundärantrieb:	Zahnriemen
Bremsen:	v./h. Scheiben
Vmax.	205 km/h
Zulässiges GG:	412 kg
Reifen:	v. 120/70ZR17
	h. 170/60ZR17
Neupreis:	DM 22.870,- (1998)
Anmerkungen:	Gitterrohrrahmen; im Bild S3T mit Touring-Paket von 1997; Leistungsänderungen siehe S3.

Buell M2

Ebenfalls neu für 1997 war die M2 »Cyclone«,
der »Wirbelsturm«. Der Name wurde übrigens
auch für einen besonders sportlichen Pick-Up
von GM verwendet...
Wie alle Buells, kommt die Cyclone vorn auf
120er- und hinten auf 170er-Reifen daher.
Als preisgünstiges Einstiegsmodell hat sie deshalb so etwas wie eine Schlüsselstellung inne.
Auch im neuesten 2000er-Modell arbeitet der
1200er-Motor mit dem Namen »Thunder-
storm«, der von einer Keihin-Gasfabrik beatmet
wird.
Bei manchen Händlern gibt es auch »offene«
Versionen aller Buell-Modelle, die dann knapp
74 kW/100 PS erreichen.

Baureihe:	M2
Modell:	M2 Cyclone
Bauzeit:	1997 -
Motor:	V2-Zylinder
Ventile:	ohv
Hubraum (cm³)	1203
B x H:	88,9 x 96,5 mm
Leistung/1/min:	60 kW (82 PS)/5900
Vergaser:	Keihin
Anzahl Gänge:	5
Sekundärantrieb:	Zahnriemen
Bremsen:	v./h. Scheiben
Vmax.	200 km/h
Zulässiges GG:	402 kg
Reifen:	v./h. 120/70ZR17/170/60ZR17
Neupreis:	DM 18.970,-/17.970,-
	(1998/2000)
Anmerkungen:	Gitterrohrrahmen;
	Leistung 1997-99 65 kW,
	ab 2000 61 kW/6100.
	Im Bild Modell 1998.

Buell X1

Neben der M2 das einzige weitere Buell-Modell für 2000 ist die X1 Lightning. Die Nachfolgerin der S1 Lightning erschien 1999. Erstmalig mit einer digitalen Einspritzanlage versehen, entwickelte der ansonsten bekannte Motor ein Quäntchen mehr Leistung und verhalf der Buell zu einer Höchstgeschwindigkeit von 210 km/h. Dabei wurde nicht auf die schiere Leistungsentwicklung geachtet, sondern auf einen nochmals verbesserten Motorlauf und gesteigerte Zuverlässigkeit. Die Buell-Bremsanlagen bestehen im Jahr 2000 vorn und hinten aus jeweils einer geschlitzten Bremsscheibe, die vorn durch einen Sechskolbensattel beaufschlagt wird. Die X1 gibt es für 2000 auch in einer limitierten Sonderausführung »Millennium«, die durch ihre Zusatzausrüstung fast DM 2500,- teurer ist als das Serienmodell.

Baureihe:	X1
Modell:	X1 Lightning
Bauzeit:	2000 -
Motor:	V2-Zylinder
Ventile:	ohv
Hubraum (cm³)	1203
B x H:	88,9 x 96,5 mm
Leistung/1/min:	65/61 kW (88/83 PS)/6100 (1999/2000)
Vergaser:	Keihin
Anzahl Gänge:	5
Sekundärantrieb:	Zahnriemen
Bremsen:	v./h. Scheiben
Vmax.:	210 km/h
Zulässiges GG:	397 kg
Reifen:	v./h. 120/70ZR17/170/60ZR17
Neupreis:	DM 20.570,- (2000)
Anmerkungen:	Gitterrohrrahmen; Preis Sonderserie Millenium DM 22.995,-

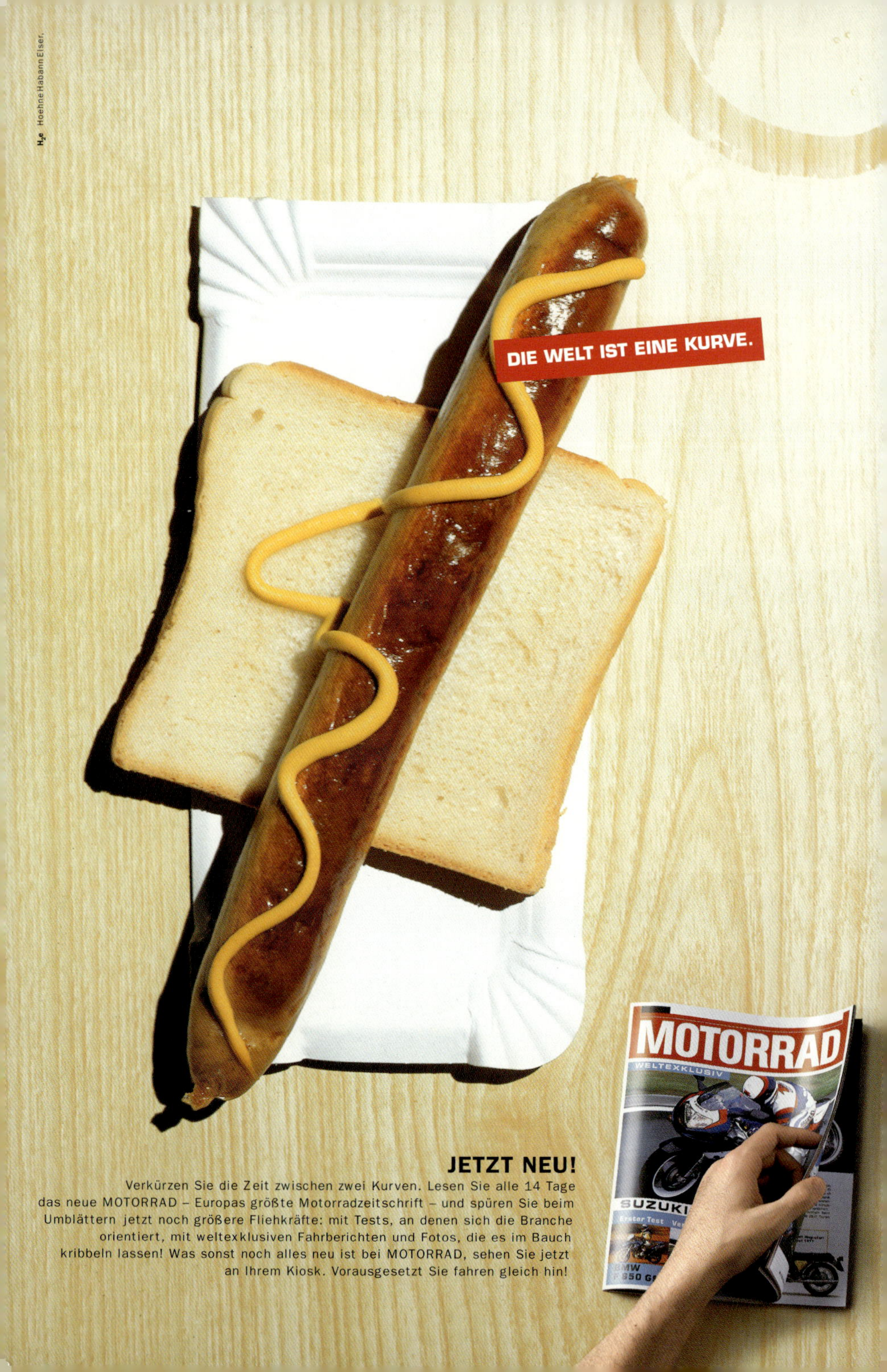

DIE WELT IST EINE KURVE.

JETZT NEU!

Verkürzen Sie die Zeit zwischen zwei Kurven. Lesen Sie alle 14 Tage das neue MOTORRAD – Europas größte Motorradzeitschrift – und spüren Sie beim Umblättern jetzt noch größere Fliehkräfte: mit Tests, an denen sich die Branche orientiert, mit weltexklusiven Fahrberichten und Fotos, die es im Bauch kribbeln lassen! Was sonst noch alles neu ist bei MOTORRAD, sehen Sie jetzt an Ihrem Kiosk. Vorausgesetzt Sie fahren gleich hin!

H₂e Hoehne Habann Elser.